职业素养中的人文价值观研究

徐爱民　赵司原　著

北方文艺出版社
·哈尔滨·

图书在版编目（CIP）数据

职业素养中的人文价值观研究 / 徐爱民，赵司原著.
哈尔滨 ： 北方文艺出版社， 2024.9. -- ISBN 978-7
-5317-6422-9

Ⅰ．B822.9

中国国家版本馆CIP数据核字第2024MJ5218号

职业素养中的人文价值观研究
ZHIYE SUYANG ZHONG DE RENWEN JIAZHIGUAN YANJIU

作　　者 / 徐爱民　赵司原
责任编辑 / 富翔强　　　　　　　　　　封面设计 / 文　亮

出版发行 / 北方文艺出版社　　　　　　邮　　编 / 150008
发行电话 /（0451）86825533　　　　　经　　销 / 新华书店
地　　址 / 哈尔滨市南岗区宣庆小区 1 号楼　网　　址 / www.bfwy.com

印　　刷 / 廊坊市广阳区九洲印刷厂　　　开　　本 / 710mm×1000mm　1/16
字　　数 / 200 千　　　　　　　　　　　印　　张 / 15.25
版　　次 / 2024 年 9 月第 1 版　　　　　印　　次 / 2024 年 9 月第 1 次印刷

书　　号 / ISBN 978-7-5317-6422-9　　　定　　价 / 86.00 元

前　言

随着时代的快速发展，职业素养在现代社会中的地位日益凸显。它不仅关乎个人的职业发展，更与社会的和谐稳定、文明的进步息息相关。在职业素养的众多维度中，人文价值观作为其核心要素，对于塑造个体的精神世界、引导职业行为、促进职业发展具有不可替代的作用。

人文价值观是职业素养的灵魂，它蕴含了人类对真善美的追求，体现了对社会责任、职业道德的坚守。在职业领域中，人文价值观不仅是个体精神世界的支撑，更是指导职业行为、评价职业成果的重要标准。因此，深入探讨职业素养中的人文价值观，不仅有助于我们更好地认识职业素养的本质，也有助于我们更好地指导职业实践，推动社会的和谐发展。

当前，我国正处于经济转型、社会变革的关键时期，职业领域面临着前所未有的机遇与挑战。在这一背景下，加强职业素养中的人文价值观研究，对于提高职业群体的整体素质、推动职业领域的健康发展具有重要的现实意义。同时，随着全球化的不断深入，国际交流与合作日益频繁，职业素养中的人文价值观也面临着国际化的挑战。因此，我们需要更加深入地研究职业素养中的人文价值观，以更好地适应国际化的职业环境，提高我国职业领域的国际竞争力。

本书旨在探讨职业素养中的人文价值观，分析其内涵、特征及其在现代社会中的重要作用。通过深入研究职业素养中的人文价值观，我们希望能够为职业领域的健康发展提供理论支持和实践指导，为构建和谐社会、推动社会文明进步贡献自己的力量。同时，我们也希望通过本书的研究，能够引起更多学者和专家对职业素养中人文价值观的关注和思考，共同推动职业素养研究的深入发展。

在编写本书的过程中，笔者深感自己学识有限，虽尽力而为，但难免有疏漏之处。书中所述观点和方法仅代表作者个人见解，不代表任何学术机构或组织的立场。笔者衷心希望本书能为读者提供一些有益的启示和帮助，同时也期待与广大读者和同行专家进行深入的交流和探讨，共同推动我国高层建筑事业的繁荣发展。

目 录

第一章 职业素养与人文价值观概述

第一节 职业素养的定义与重要性

一、职业素养的基本定义

(一) 职业素养的概念解析

职业素养是指个体在从事职业活动时所应具备的综合素质和能力，它涵盖了知识、技能、态度、价值观等多个方面。职业素养不仅是个体在职业生涯中赖以生存和发展的基础，也是衡量一个职业人能否胜任岗位、实现自我价值的关键标准。

从知识的角度来看，职业素养要求个体具备与职业相关的专业知识、行业知识以及跨学科知识，以便能够全面、深入地理解职业活动，为解决问题提供理论支持。

从技能的角度来看，职业素养要求个体掌握与职业活动直接相关的操作技能和沟通协作技能。这些技能能够帮助个体在职业活动中高效完成任务，与同事、客户建立良好的合作关系。

从态度的角度来看，职业素养要求个体具备积极的工作态度、职业责任感和敬业精神。这些态度能够激发个体的工作热情和动力，促使个体更加专注于职业发展。

从价值观的角度来看，职业素养要求个体树立正确的职业价值观，包括诚信、公正、尊重、责任等。这些价值观能够引导个体在职业活动中做出正确的决策和行为，维护职业声誉和形象。

（二）职业素养的构成要素

职业素养的构成要素主要包括四个方面：职业道德、职业技能、职业行为、职业作风。职业道德是职业素养的灵魂，是指导个体职业行为的道德规范；职业技能是职业素养的核心，是个体完成职业任务所必需的能力；职业行为是职业素养的外在表现，是个体在职业活动中所展现的行为举止；职业作风是职业素养的综合体现，是个体在职业活动中所形成的工作风格和习惯。

（三）职业素养的层次结构

职业素养的层次结构可以从低到高分为基础层、提升层和卓越层。基础层包括基本的职业道德、职业技能和职业行为，是个体从事职业活动所必需的基本素质；提升层包括较高的职业技能、职业行为以及一定的职业创新能力，是个体在职业发展中需要不断提升的素质；卓越层包括深厚的职业道德、卓越的职业技能和创新能力，以及独特的职业风格和魅力，是个体在职业领域达到卓越水平所必需的素质。

（四）职业素养的时代特征

随着社会的不断发展和进步，职业素养也呈现出新的时代特征。首先，随着信息技术的广泛应用，信息素养成为现代职业素养的重要组成部分；其次，全球化趋势使得跨文化交流能力成为职业素养的重要要求；再次，创新能力的重要性日益凸显，成为推动职业发展的重要动力；最后，人文素养的回归也成为职业素养的重要趋势之一，要求个体在追求专业技能的同时，注重人文素养的培养和提升。

二、职业素养的组成要素

（一）职业道德

1.道德认知与理解

职业道德是职业素养的灵魂，它涉及个体对职业行为的道德判断和价值选择。职业道德要求个体具备对职业行为规范的认知和理解，了解职业道德的基本原则和准则。这种认知和理解不仅来源于外部的法律法规和职业规范，更来源于个体内心的道德良知和道德责任感。

2. 诚信与公正

在职业道德中，诚信和公正是两个重要的原则。诚信要求个体在职业活动中保持真实、坦诚的态度，不欺骗、不隐瞒、不造假。公正则要求个体在处理职业事务时公平、公正，不偏袒、不歧视、不徇私。这两个原则对于维护职业声誉和形象至关重要。

3. 职业责任感

职业道德还强调个体的职业责任感。职业责任感是指个体对自己所从事的职业和所承担的工作任务所持有的认真、负责的态度。它要求个体在职业活动中尽职尽责、尽心尽力，勇于承担责任，勇于面对挑战。

4. 道德实践与修养

职业道德不仅停留在认知层面，更重要的是要在实践中得到体现。个体需要通过自身的行为来践行职业道德，通过不断学习和反思来提升自身的道德修养。这种道德修养是职业素养的重要组成部分，它能够引导个体在职业活动中做出正确的道德判断和选择。

（二）职业技能

1. 专业知识与技能

职业技能是职业素养的核心，它要求个体具备与职业相关的专业知识和技能。这些知识和技能是个体在职业活动中赖以生存和发展的基础，也是衡量一个职业人能否胜任岗位的关键标准。个体需要通过学习和实践来不断提升自身的专业知识和技能水平。

2. 学习能力与创新思维

在快速变化的时代背景下，学习能力和创新思维成为职业技能的重要组成部分。学习能力要求个体具备持续学习、终身学习的意识和能力，能够不断更新自己的知识和技能。创新思维则要求个体具备创新思维和创新能力，能够在职业活动中发现问题、解决问题、提出新的思路和方法。

3. 沟通与协作能力

在现代职业环境中，沟通与协作能力变得越来越重要。个体需要具备良好的沟通和协作能力，能够与同事、客户建立良好的合作关系，共同完成任务。这种能力不仅能够提高工作效率，还能够增强团队的凝聚力和战斗力。

4.实践能力与应用能力

职业技能最终要落实到实践中去，因此实践能力和应用能力也是职业素养的重要组成部分。个体需要通过实践来检验和应用自己的知识和技能，不断提高自己的实践能力和应用能力。这种能力能够帮助个体更好地适应职业环境的变化和发展趋势。

三、职业素养在现代社会中的重要性

（一）提升职业竞争力

1.市场需求与人才匹配

在现代社会，随着经济的全球化和技术的飞速发展，市场对人才的需求日益多样化和专业化。拥有良好职业素养的个体能够更好地适应市场需求，与岗位需求相匹配，从而在激烈的竞争中脱颖而出。

2.专业技能与综合素质

职业素养不仅包含专业技能，更强调综合素质的培养。在专业技能上，职业素养要求个体具备扎实的专业知识和技能，能够胜任岗位工作；在综合素质上，职业素养要求个体具备良好的沟通能力、团队协作能力、创新能力等，以适应复杂多变的工作环境。

3.持续学习与自我提升

职业素养强调持续学习和自我提升的重要性。在快速变化的社会环境中，个体需要不断学习和更新知识，以适应新技术、新工艺和新方法的发展。同时，个体还需要通过自我提升来增强自身的竞争力和适应能力。

4.塑造个人品牌与形象

职业素养是塑造个人品牌和形象的重要因素。具有良好职业素养的个体能够在职业活动中展现出专业、负责、诚信的形象，赢得同事、客户和上级的信任和尊重。这种个人品牌和形象对于个体的职业发展具有重要意义。

（二）促进组织发展

1.提高组织效率与凝聚力

职业素养能够提升组织的整体效率和凝聚力。具有良好职业素养的员工能够更快地适应工作环境，更好地完成工作任务，提高组织的整体工作效率。

同时，职业素养还能够促进员工之间的沟通和协作，增强组织的凝聚力和向心力。

2. 塑造企业文化与价值观

职业素养是塑造企业文化和价值观的重要基础。企业文化和价值观是企业的灵魂和核心竞争力，而职业素养则是企业文化和价值观的具体体现。具有良好职业素养的员工能够践行企业文化和价值观，推动企业文化的传承和发展。

3. 增强企业竞争力与创新能力

职业素养能够增强企业的竞争力和创新能力。具有良好职业素养的员工能够为企业带来更多的创新思路和解决方案，推动企业的技术创新和产品升级。同时，职业素养还能够提升员工的服务意识和客户满意度，增强企业的市场竞争力。

4. 应对市场变化与挑战

在现代社会，市场变化迅速，企业面临着诸多挑战。具有良好职业素养的员工能够更快地适应市场变化，为企业提供更多的市场信息和策略建议。同时，职业素养还能够培养员工的危机意识和应变能力，帮助企业应对各种挑战和风险。

（三）推动社会进步

1. 提升社会文明程度

职业素养能够提升社会文明程度。具有良好职业素养的个体能够在职业活动中践行社会公德和职业道德，维护社会秩序和公共利益。这种文明行为能够影响周围的人，推动整个社会文明程度的提升。

2. 促进社会和谐发展

职业素养能够促进社会和谐发展。具有良好职业素养的个体能够尊重他人、理解他人、包容他人，与同事、客户建立和谐的人际关系。这种和谐关系能够减少社会矛盾和冲突，促进社会和谐发展。

3. 传递正能量与价值观

职业素养能够传递正能量和价值观。具有良好职业素养的个体能够在职业活动中展现出积极向上的精神风貌和正确的价值观，影响周围的人并传递正能量。这种正能量和价值观能够激励人们追求卓越、追求进步、追求幸福。

4.培养公民意识与责任感

职业素养能够培养公民的意识和责任感。具有良好职业素养的个体能够认识到自己的社会责任和义务，积极参与社会公益事业和志愿服务活动。这种公民意识和责任感能够推动社会进步和发展。

四、职业素养对个人职业发展的意义

（一）奠定职业基础与提升就业竞争力

1.职业准入与基本要求

职业素养是个人进入职场的基本要求和准入门槛。在求职过程中，无论是简历筛选还是面试环节，雇主都会关注应聘者的职业素养。一个具备良好职业素养的求职者，能够展现出自己的专业能力和职业态度，更容易获得雇主的青睐和认可。

2.专业技能与知识应用

职业素养中的专业技能和知识应用，是求职者在职场中立足的基础。通过不断学习和实践，求职者能够掌握与岗位相关的专业知识和技能，并将其应用到实际工作中。这种能力不仅能够帮助求职者更快地适应工作环境，还能够提升工作效率和质量，为职业发展奠定坚实基础。

3.拓宽职业道路与增加就业机会

良好的职业素养还能够拓宽求职者的职业道路和增加就业机会。在具备专业技能和知识的基础上，求职者还可以通过培养自己的沟通能力、团队协作能力等职业素养，来适应不同岗位的需求。这样，求职者在面对职业选择时，就能够拥有更多的选择和机会，实现更广阔的职业发展。

4.提升职业声誉与品牌塑造

职业素养还能够帮助求职者提升职业声誉和品牌塑造。通过在工作中展现自己的专业素养和职业态度，求职者能够赢得同事、客户和上级的信任和尊重。这种良好的职业声誉和品牌形象，不仅能够为求职者带来更多的职业机会和资源，还能够推动其在职场中不断发展和进步。

（二）促进职业成长与提升职业地位

1. 职业规划与目标设定

职业素养有助于个人进行职业规划和设定明确的目标。通过了解自己的优势和不足，以及行业的发展趋势和市场需求，个人可以制定出更加合理和可行的职业规划。同时，职业素养中的自我管理和自我提升能力，能够帮助个人不断追求进步和发展，实现职业目标。

2. 职业技能提升与职业发展

职业素养中的职业技能提升对于个人职业发展具有重要意义。随着技术的不断发展和市场需求的变化，个人需要不断更新自己的知识和技能，以适应职业发展的需要。通过不断学习和实践，个人可以提升自己的职业技能水平，为职业发展创造更多的机会和空间。

3. 领导力与团队管理能力

在职业发展过程中，领导力和团队管理能力也是不可或缺的职业素养。通过培养自己的领导力和团队管理能力，个人可以更好地管理团队和项目，提升团队的凝聚力和执行力。这种能力不仅能够帮助个人在职业发展中获得更高的职位和待遇，还能够为个人带来更多的职业成就感和满足感。

4. 职业地位提升与影响力增强

随着职业素养的不断提升，个人的职业地位也会相应提升。通过在工作中展现出自己的专业素养和职业态度，个人可以赢得更多的尊重和信任，提升自己的职业地位。同时，职业素养中的沟通能力和人际关系处理能力，还能够帮助个人扩大自己的人脉和资源网络，增强自己的影响力和竞争力。

第二节　人文价值观的内涵与特征

一、人文价值观的核心内容

人文价值观是人类在长期的历史发展和社会实践中形成的，关于人性、尊严、价值、意义等方面的基本观点和理念。它强调人的主体地位，关注人的全面发展，追求人的自由、平等和幸福。以下从四个方面对人文价值观的核心内容进行深入分析。

（一）尊重人性与个体尊严

人文价值观的核心在于尊重人性与个体尊严。人性是指人类共有的本质属性和特征，包括理性、情感、意志等方面。尊重人性意味着要尊重人类的本质属性和特征，尊重人的自然权利和基本需求。个体尊严则是指每个人都应该享有的基本尊重和价值，无论其种族、性别、年龄、社会地位等如何。在人文价值观中，尊重人性与个体尊严是基本的道德准则，也是人类社会的基石。它要求我们在社会实践中尊重每个人的权利和尊严，避免任何形式的歧视和压迫。

（二）追求自由、平等与公正

自由、平等和公正是人文价值观中的基本理念。自由是指人们在思想和行动上的自主权和选择权，是人性尊严的重要体现。平等则是指人们在权利、机会和待遇上的平等，是社会公正的基础。公正则是指按照公平、正义的原则来分配社会资源、处理社会矛盾和纠纷。在人文价值观中，追求自由、平等和公正是人类社会的共同目标。它要求我们在社会实践中尊重每个人的自由和权利，消除任何形式的不平等和歧视，建立公正、合理的社会制度。

（三）倡导人文关怀与情感共鸣

人文关怀是人文价值观中的重要内容。它强调关注人的内心世界和情感体验，尊重人的情感需求和感受。情感共鸣则是指人与人之间在情感上的相互理解和支持。在人文价值观中，倡导人文关怀与情感共鸣体现了对人类精神世界的关注和尊重。它要求我们在社会实践中关注人的内心世界和情感体验，尊重人的情感需求和感受，建立和谐、温馨的人际关系。同时，情感共鸣也能够帮助我们更好地理解他人、关爱他人，增强社会的凝聚力和向心力。

（四）追求人的全面发展与自我实现

人的全面发展是人文价值观中的重要目标。它强调人的身心健康、知识能力、道德品质等多方面的全面发展。自我实现则是指个体在追求自我价值和意义的过程中实现自我价值的过程。在人文价值观中，追求人的全面发展与自我实现体现了对人类全面发展和自我完善的追求。它要求我们在社会实践中注重培养人的全面素质和能力，提供多样化的教育和发展机会，让每个人都能够充分发挥自己的潜力和才能，实现自我价值和社会价值。同时，也要关注社会公平和正义，确保每个人都能够享有平等的发展机会和资源。

综上所述，人文价值观的核心内容包括尊重人性与个体尊严、追求自由、平等与公正、倡导人文关怀与情感共鸣以及追求人的全面发展与自我实现。这些理念不仅体现了人类社会的共同目标和追求，也为我们提供了行动准则和价值标准。

二、人文价值观的主要特征

人文价值观作为人类精神文化的重要组成部分，具有一系列独有的特征，这些特征体现了人文价值观的本质属性和独特价值。以下从四个方面对人文价值观的主要特征进行深入分析。

（一）以人为本的核心理念

人文价值观的首要特征是它以人为本的核心理念。这一理念强调人的主体地位和人的全面发展，将人的利益和需求置于社会发展的核心位置。在人文价值观中，人不仅是社会发展的手段，更是社会发展的目的。它关注人的生存状态、精神需求、情感体验等方面，致力于实现人的自由、平等和幸福。这种以人为本的核心理念，体现了人文价值观对人类命运的深切关怀和对人性尊严的高度尊重。

（二）普适性与包容性

人文价值观的第二个特征是它的普适性和包容性。普适性是指人文价值观具有普遍适用的价值，它超越了地域、民族、宗教等差异，是人类共同的精神财富。包容性则是指人文价值观能够容纳不同的思想、文化、观念等，具有开放性和多元性。在人文价值观中，不同的思想、文化、观念等都可以得到尊重和理解，共同为人类社会的进步和发展贡献力量。这种普适性和包容性使得人文价值观具有广泛的适用性和生命力，能够在不同的文化背景下发挥重要作用。

（三）情感性与体验性

人文价值观的第三个特征是它的情感性和体验性。情感性是指人文价值观关注人的情感体验和内心感受，强调人与人之间的情感联系和共鸣。在人文价值观中，人的情感体验和内心感受被视为重要的价值来源，是评价事物和行为的重要标准。体验性则是指人文价值观注重人的实践和体验，强调通过亲身体验来感知和领悟人生的意义和价值。在人文价值观中，人们通过亲身实践和体验来丰富自己的内心世界，实现自我成长和发展。这种情感性和体验性使得人文价值观更加贴近人的内心世界和情感体验，具有更强的感染力和影响力。

（四）历史性与传承性

人文价值观的第四个特征是它的历史性和传承性。历史性是指人文价值观是在人类历史长期发展过程中形成的，具有深厚的历史渊源和文化底蕴。人文价值观的形成和发展受到多种因素的影响，包括社会制度、文化传统、宗教信仰等。传承性则是指人文价值观具有跨越时空的传承价值，能够代代相传、历久弥新。在人文价值观中，一些基本的价值观念和道德准则被世代传承下来，成为人类社会的共同精神财富。这种历史性和传承性使得人文价值观具有深厚的文化底蕴和持久的生命力，能够为人类社会的进步和发展提供源源不断的精神动力。

综上所述，人文价值观的主要特征包括以人为本的核心理念、普适性与包容性、情感性与体验性以及历史性与传承性。这些特征共同构成了人文价值观的独特价值和魅力，使其在人类社会中发挥着不可替代的作用。

三、人文价值观对个人行为的影响

人文价值观作为人类精神文化的重要组成部分，深刻地影响着个人的行为方式和道德选择。以下从四个方面分析人文价值观对个人行为的影响。

（一）塑造道德观念与行为准则

人文价值观通过塑造个人的道德观念和行为准则，对个人行为产生深远影响。人文价值观强调尊重人性、关注个体尊严、追求自由平等和公正等原则，这些原则在个人的道德观念和行为准则中得到体现。当个人面临道德选择时，这些原则会引导其做出符合人性尊严和社会公正的行为。例如，在他人需要帮助时，人文价值观中的同情心和责任感会促使个人伸出援手，表现出对他人的关爱和帮助。这种道德观念和行为准则的塑造，使个人行为更加符合社会道德标准，有助于维护社会秩序和稳定。

（二）引导价值追求与行为动力

人文价值观对个人行为的影响还体现在其引导价值追求与行为动力方面。人文价值观强调人的全面发展、自我实现和追求自由平等的精神，这些理念成为个人追求自身价值和意义的重要动力。在人文价值观的影响下，个人会努力提升自己的能力和素质，追求更高层次的精神满足和人生价值。这种价值追求和行为动力不仅有助于个人的成长和发展，还能推动社会的进步和繁荣。例如，在职业发展方面，人文价值观鼓励个人追求自己的兴趣和专长，勇于挑战自我和突破传统，这种精神能够激发个人的创造力和创新力，推动社会不断向前发展。

（三）增强情感共鸣与人际关系

人文价值观注重人文关怀和情感共鸣，这种理念对个人行为的影响体现在增强情感共鸣和人际关系方面。在人文价值观的影响下，个人会更加关注他人的感受和需求，表现出更多的同情和关爱。这种情感共鸣能够促进人与人之间的沟通和理解，增强人际关系的和谐与稳定。同时，人文价值观也强调尊重他人的权利和自由。这种尊重能够减少冲突和矛盾，维护社会的和平与稳定。例如，在社交场合中，人文价值观鼓励个人关注他人的感受和需求，尊重他人的选择和决定，这种态度能够赢得他人的尊重和信任，建立更加良好的人际关系。

（四）促进自我反思与行为调整

人文价值观对个人行为的影响还体现在促进自我反思与行为调整方面。人文价值观强调人的主体性和自我意识，鼓励个人对自己的行为进行反思和调整。在人文价值观的影响下，个人会不断审视自己的行为是否符合道德标准和社会规范，是否有利于个人的成长和发展。当个人发现自己的行为存在问题时，会积极采取措施进行改进和调整。这种自我反思与行为调整的过程有助于个人不断提升自己的道德素质和行为能力，更好地适应社会的发展和变化。例如，在工作中，人文价值观鼓励个人对自己的工作进行反思和总结，发现问题并及时改进，这种态度能够提高工作效率和质量，促进个人的职业发展。

综上所述，人文价值观对个人行为的影响体现在塑造道德观念与行为准则、引导价值追求与行为动力、增强情感共鸣与人际关系以及促进自我反思与行为调整等方面。这些影响共同作用于个人行为，使个人行为更加符合社会道德标准、更加积极向上、更加关注他人感受和需求以及更加适应社会的发展和变化。

四、人文价值观在职业发展中的价值

人文价值观在职业发展中扮演着至关重要的角色，它不仅能够指导个人的职业选择和规划，还能促进个人在职业生涯中的成长和成功。以下从四个方面分析人文价值观在职业发展中的价值。

（一）明确职业目标与方向

人文价值观为个人的职业发展提供了明确的目标和方向。在职业选择和发展过程中，个人需要明确自己的价值观和职业追求，以确保自己的职业道路与个人的价值观和人生目标相契合。人文价值观强调尊重人性、关注个体尊严、追求自由平等和公正等原则，这些原则在职业选择和发展中同样适用。个人应该根据自己的兴趣和专长，选择符合自己价值观的职业领域，以实现自我价值和社会价值的最大化。例如，一个注重人文关怀和社会责任的人可能会选择从事教育、医疗或社会工作等领域，这些领域能够更好地满足其价值观和职业追求。

（二）提升职业素养与道德水平

人文价值观在职业发展中有助于提升个人的职业素养和道德水平。职业素养是指个人在职业活动中所表现出来的综合素质和能力，包括专业技能、职业道德、沟通能力等。人文价值观强调人的全面发展、自我实现和追求自由平等的精神，这些理念在职业素养中同样重要。一个具备人文价值观的职业人士，不仅能够熟练掌握专业技能，还能够具备高度的职业道德和责任感，注重与他人的沟通和合作，以实现个人和团队的共同发展。这种职业素养和道德水平的提升，有助于个人在职业生涯中赢得他人的尊重和信任，获得更多的职业机会和发展空间。

（三）增强职业适应性与创新能力

人文价值观在职业发展中还能够增强个人的职业适应性和创新能力。随着社会的不断发展和变化，职业领域也在不断地发生变革和更新。一个具备人文价值观的职业人士，能够更好地适应职业领域的变化和发展，具备更强的适应性和创新能力。他们能够从多个角度思考问题，关注社会的需求和变化，不断地学习和探索新的知识和技能，以应对职业领域的挑战和机遇。这种职业适应性和创新能力的提升，有助于个人在职业生涯中保持竞争优势和持续发展。

（四）促进职业发展与个人成长

人文价值观在职业发展中最终能够促进个人的职业发展与个人成长。职业发展是指个人在职业领域中不断地成长和进步，实现自我价值和人生目标的过程。人文价值观强调人的全面发展、自我实现和追求自由平等的精神，这些理念在职业发展中同样重要。一个具备人文价值观的职业人士，能够在职业领域中不断地追求自我成长和进步，不断地挑战自我和突破传统，以实现个人和职业的共同发展。这种职业发展与个人成长的相互促进，有助于个人在职业生涯中取得更加辉煌的成就和贡献。

综上所述，人文价值观在职业发展中具有重要的价值。它能够为个人的职业发展提供明确的目标和方向，提升个人的职业素养和道德水平，增强个人的职业适应性和创新能力，促进个人的职业发展与个人成长。因此，在职业发展过程中，个人应该注重培养自己的人文价值观，将其融入自己的职业规划和职业行为中，以实现个人和职业的共同发展。

第三节　职业素养与人文价值观的关系

一、职业素养与人文价值观的相互作用

职业素养与人文价值观在个人的职业生涯中相互交织、相互促进，形成了密不可分的联系。以下从四个方面深入分析职业素养与人文价值观的相互作用。

（一）价值导向与职业素养的塑造

人文价值观为职业素养的塑造提供了明确的价值导向。在职业发展中，个人的行为准则、道德观念和职业态度等职业素养要素，均受到人文价值观的深刻影响。人文价值观强调的尊重、责任、公正、诚信等原则，是职业素养的核心组成部分。这些原则不仅指导着个人在职场中的行为选择，还塑造着个人独特的职业形象和气质。因此，人文价值观为职业素养的塑造提供了坚实的价值基础，使个人在职业发展中能够保持正确的方向。

（二）人文素养与职业素养的互补

人文素养与职业素养在个人的职业生涯中相互补充、相互促进。人文素养注重个人的文化修养、艺术鉴赏能力和人文关怀精神，这些素质能够为个人在职场中的沟通、协作和创新提供有力支持。同时，职业素养中的专业技能、职业道德和团队合作能力等要素，也为个人在人文素养方面的发展提供了实践平台。通过不断学习和实践，个人可以在职业素养和人文素养之间形成良性互动，实现两者的共同发展。

（三）人文精神的实践与应用

人文价值观在职业素养中的实践与应用，有助于提升个人的职业能力和综合素质。在职业发展中，个人需要不断地学习和掌握新的知识和技能，以适应不断变化的市场需求。同时，个人还需要具备高度的职业道德和责任感，以维护职业形象和信誉。人文价值观中的尊重、责任、公正等原则，可以指导个人在职场中的行为选择，使个人能够在实践中不断践行这些原则，提升自己的职业能力和综合素质。例如，在工作中，个人可以关注客户的需求和感受，积极承担责任和解决问题，以体现人文精神的实践与应用。

（四）职业发展与人文精神的融合

职业发展与人文精神的融合，有助于实现个人的全面发展和社会价值的最大化。在职业发展中，个人不仅需要关注自己的专业技能和职业发展路径，还需要关注自己的内心世界和人文精神的发展。通过不断学习、反思和实践，个人可以逐渐将人文精神融入自己的职业发展中，实现职业与人文精神的完美结合。这种融合不仅有助于提升个人的职业素养和综合能力，还有助于推动社会的进步和发展。例如，在职业发展中，个人可以关注社会责任和公益事业，积极参与社会公益活动，以体现个人对社会的贡献和价值。

综上所述，职业素养与人文价值观在个人的职业生涯中相互作用、相互促进。人文价值观为职业素养的塑造提供了价值导向，人文素养与职业素养相互补充、相互促进。同时，人文精神的实践与应用有助于提升个人的职业能力和综合素质，职业发展与人文精神的融合则有助于实现个人的全面发展和社会价值的最大化。因此，在职业发展中，个人应该注重培养自己的人文价值观和人文素养，以实现职业素养与人文精神的共同发展。

二、人文价值观对职业素养的塑造作用

人文价值观在塑造职业素养方面发挥着至关重要的作用。以下从四个方面深入分析人文价值观对职业素养的塑造作用。

（一）道德观念与职业伦理的塑造

人文价值观中的道德观念是职业素养的基石。它引导个人在职业活动中遵循正确的道德准则，形成高尚的职业伦理。人文价值观强调的尊重、公正、

诚信等原则，促使个人在职场中保持正直、诚实的品质，坚守职业道德底线。这种道德观念的塑造，使个人在面对职业诱惑和挑战时能够坚守原则，不为私利所动，从而赢得他人的尊重和信任。例如，在医疗行业中，医生的人文价值观驱使其始终将患者的生命健康放在首位，遵循医学伦理，恪守医德医风，这种职业素养对于维护医疗行业的声誉和患者的权益至关重要。

（二）责任意识与职业态度的培养

人文价值观中的责任意识对职业素养的培养具有重要意义。它促使个人在职业活动中承担起相应的责任，以积极、认真的态度对待工作。在人文价值观的影响下，个人会认识到自己的工作不仅是为了谋生，更是为了对社会的发展和进步做出贡献。因此，他们会以更加敬业、负责的态度投入到工作中，不断提高自己的专业技能和综合素质，以更好地履行职业责任。这种责任意识和职业态度的培养，有助于个人在职业生涯中取得更好的成绩和更广阔的发展空间。

（三）人文关怀与职业沟通的提升

人文价值观强调的人文关怀对于提升职业沟通能力具有积极作用。在职业活动中，良好的沟通能力是不可或缺的。人文价值观中的尊重、理解、关爱等原则，促使个人在沟通中更加关注他人的感受和需求，以更加真诚、友善的态度与他人交流。这种人文关怀的沟通方式有助于减少误解和冲突，增进彼此之间的信任和合作。同时，个人在沟通中也会更加注重倾听和理解他人的观点和意见，以更加开放、包容的心态接纳不同的声音。这种沟通能力的提升，有助于个人在职业活动中更好地与他人协作、共同完成任务。

（四）创新精神与职业发展的推动

人文价值观中的创新精神对于推动职业发展具有重要作用。在快速变化的时代背景下，创新精神是职业发展的关键因素之一。人文价值观鼓励个人追求自由、平等、公正等价值目标，同时也倡导勇于探索、敢于创新的精神。这种创新精神促使个人在职业活动中不断寻求新的思路和方法，以更加高效、便捷的方式完成任务。同时，个人也会关注社会需求和行业发展趋势，积极学习新的知识和技能，以适应不断变化的市场需求。这种创新精神和学习能力的提升，有助于个人在职业发展中保持竞争优势和持续发展动力。

综上所述，人文价值观对职业素养的塑造作用体现在道德观念与职业伦理的塑造、责任意识与职业态度的培养、人文关怀与职业沟通的提升以及创新精神与职业发展的推动等方面。这些作用共同促进了个人职业素养的全面提升和职业发展的顺利进行。因此，在职业发展中，个人应该注重培养自己的人文价值观并将其融入职业素养中以实现更好的职业发展。

三、职业素养中人文价值观的体现

职业素养不仅包含专业技能和知识储备，更涵盖了个人在职业活动中展现出的道德品质、人生态度以及对社会的责任感。人文价值观，作为人类文化和社会文明的精髓，深刻影响着职业素养的形成和发展。以下从四个方面分析职业素养中人文价值观的体现。

(一) 尊重与包容：职业素养中的核心品质

在职业素养中，尊重与包容是人文价值观的重要体现。尊重体现在对他人的职业选择、劳动成果和工作付出的认可与尊重上。无论职位高低、能力强弱，每个人都应该得到平等的对待和尊重。同时，包容也是职业素养中不可或缺的品质。在多元化的工作环境中，不同的观点、文化和生活方式需要被包容和接纳。这种尊重与包容的精神不仅有助于构建和谐的职场关系，还能激发员工的工作积极性和创造力。

以教育行业为例，教师作为教育工作者，其职业素养中的尊重与包容精神体现在对学生的尊重、理解和关爱上。他们尊重每个学生的个性和差异，关注他们的成长和发展，用包容的心态接纳学生的不足和错误，用爱和耐心引导他们走向正确的道路。这种职业素养不仅赢得了学生的尊重和信任，也为他们树立了良好的榜样。

(二) 诚信与责任：职业素养中的道德基石

诚信与责任是职业素养中的道德基石，也是人文价值观的重要体现。诚信要求个人在职业活动中遵守承诺、信守合同、不欺诈、不隐瞒。这种品质有助于维护职业声誉和信誉，赢得客户和合作伙伴的信任。同时，责任也是职业素养中的重要组成部分。个人应该对自己的工作负责，对团队和组织负责，对社会负责。这种责任感促使个人在工作中尽职尽责、勇于担当，为组织和社会创造价值。

在医疗行业中，医生职业素养中的诚信与责任精神体现在对患者的真诚关怀和负责态度上。他们恪守医德医风，尊重患者的生命权和健康权，用专业的知识和技能为患者提供高质量的医疗服务。同时，他们也对自己的工作负责，对团队和组织负责，积极参与医疗改革和创新，推动医疗事业的进步和发展。

（三）人文关怀与沟通能力：职业素养中的软实力

人文关怀和沟通能力是职业素养中的软实力，也是人文价值观在职业素养中的具体体现。人文关怀要求个人在职业活动中关注他人的感受和需求，用关爱和尊重的态度对待他人。这种品质有助于建立良好的人际关系，增强团队的凝聚力和向心力。同时，沟通能力也是职业素养中的重要组成部分。个人应该具备清晰、准确、有效地表达自己的能力，同时也要善于倾听和理解他人的观点和意见。这种沟通能力有助于减少误解和冲突，增进彼此之间的理解和信任。

在销售行业中，销售人员的职业素养中的人文关怀和沟通能力尤为重要。他们需要关注客户的需求和感受，用真诚和热情的服务赢得客户的信任和满意。同时，他们也需要具备良好的沟通能力，与客户建立有效的沟通渠道，了解客户的需求和反馈，为客户提供更加优质的服务。这种职业素养不仅有助于提升销售业绩，还能为企业赢得良好的口碑和形象。

（四）持续学习与创新能力：职业素养中的发展动力

持续学习与创新能力是职业素养中的发展动力，也是人文价值观在职业素养中的体现。在快速发展的时代背景下，个人需要不断学习和更新知识，以适应不断变化的市场需求和职业要求。同时，创新也是推动职业发展的重要因素之一。个人应该具备创新思维和创新能力，不断探索新的领域和机会，为组织和社会创造更大的价值。

在科技行业中，工程师职业素养中的持续学习与创新能力尤为重要。他们需要不断学习新的技术和知识，以提升自己的专业技能和综合素质。同时，他们也需要具备创新思维和创新能力，不断探索新的领域和应用场景，为组织和社会创造更大的价值。这种职业素养不仅有助于提升工程师的个人价值和发展空间，还能推动整个行业的进步和发展。

四、职业素养与人文价值观的协同发展

在职业发展的道路上，职业素养与人文价值观的协同发展是至关重要的。它们不仅相互影响、相互促进，还共同推动着个人职业生涯的稳步前进。以下从四个方面分析职业素养与人文价值观的协同发展。

（一）职业道德建设与人文价值观的融入

职业道德是职业素养的核心，而人文价值观则是职业道德建设的灵魂。在职业发展中，个人需要不断学习和践行人文价值观，将其融入职业道德建设中。通过尊重、诚信、公正等人文价值观的引导，个人能够形成高尚的职业道德品质，坚守职业底线，维护职业声誉。同时，人文价值观的融入还能提升个人的道德自觉性和自律性，使其在工作中始终保持清醒的头脑和正确的行为选择。这种职业道德建设与人文价值观的协同发展，有助于个人在职业生涯中树立良好的职业形象，赢得他人的尊重和信任。

例如，在金融行业，从业人员的职业素养和人文价值观尤为重要。他们需要遵守严格的职业道德规范，确保金融市场的稳定和客户的利益。同时，他们还需要具备深厚的人文素养，关注社会发展和民生问题，将金融知识用于服务社会、造福人类。这种协同发展使得金融从业人员不仅具备了高超的职业技能，还具备了高尚的职业道德品质，为金融行业的健康发展做出了积极贡献。

（二）职业能力的提升与人文价值观的支撑

职业能力的提升是职业发展的关键，而人文价值观则为其提供了强大的支撑。在职业发展中，个人需要不断学习和掌握新的知识和技能，以适应不断变化的市场需求和职业要求。同时，人文价值观中的尊重、理解、关爱等原则也为个人提供了丰富的精神动力和价值追求。这些原则能够激发个人的创造力和创新精神，使其在职场中不断追求卓越、实现自我价值。这种职业能力的提升与人文价值观的支撑相互促进、相得益彰，使个人在职业生涯中不断取得新的突破和成就。

以 IT 行业为例,工程师不仅需要具备扎实的编程技能和深厚的专业知识,还需要具备创新思维和团队协作能力。人文价值观的融入能够激发工程师的创造力和创新精神,使他们不断追求技术上的突破和创新。同时,人文价值观中的尊重、理解和关爱也能促进工程师之间的团队协作和沟通,提高整个团队的工作效率和创新能力。这种协同发展使得 IT 行业工程师不仅具备了高超的职业技能,还具备了良好的团队协作能力和创新精神,为行业的发展做出了重要贡献。

(三)职业心态的调整与人文价值观的影响

在职业发展中,个人需要不断调整自己的职业心态,以适应不同的工作环境和挑战。而人文价值观则对职业心态的调整产生了深远的影响。通过学习和践行人文价值观中的尊重、公正、诚信等原则,个人能够形成积极、健康、向上的职业心态。这种心态有助于个人在职业发展中保持冷静、理智和乐观的态度,面对困难和挑战时能够坚定信念、迎难而上。同时,人文价值观的影响还能促进个人在职场中的自我认知和自我提升,使其更加清晰地认识到自己的优势和不足,制定更加合理的职业发展规划。

(四)职业发展的长远规划与人文价值观的引领

职业发展的长远规划是个人职业生涯中的重要环节。而人文价值观则为职业发展规划提供了重要的引领和指导。通过学习和践行人文价值观中的尊重、责任、公正等原则,个人能够形成正确的职业观和价值观。这些原则有助于个人在职业发展中坚持正确的方向和目标,不被眼前的利益所迷惑和诱惑。同时,人文价值观的引领还能促进个人在职业发展中不断追求自我完善和社会价值的实现,实现个人与社会的和谐共生。这种协同发展使得个人在职业发展中不仅能够实现自我价值的提升,还能为社会的发展和进步做出积极贡献。

第四节　人文价值观在职业发展中的作用

一、指导职业选择与定位

人文价值观在职业发展中的首要作用便是指导职业选择与定位。一个人的职业选择不仅影响其个人生活，更关乎社会整体的发展与进步。人文价值观以其独特的视角和深厚的内涵，为个体在职业选择与定位时提供了重要的指导。

（一）明确职业方向与目标

人文价值观强调尊重个体、关注人的全面发展，这一理念在职业选择中体现为鼓励个体根据自己的兴趣、特长和价值观来选择职业方向。通过深入思考自己的兴趣所在、优势特长以及对于社会的贡献意愿，个体能够明确自己的职业方向与目标，避免盲目跟从或随波逐流。例如，对于追求公平正义的个体，法律、社会服务等职业方向可能更为合适；对于关注自然环境与生态保护的个体，环保、可持续发展等领域可能更具吸引力。

（二）强化职业认同感与使命感

人文价值观中的责任感、使命感等要素，能够激发个体对于所选择职业的认同感和使命感。当个体所从事的职业与自己的价值观相契合时，他们更容易产生强烈的职业认同感，将职业视为自己实现人生价值的重要途径。同时，使命感的驱使也会使个体更加专注于职业发展，不断追求卓越，为社会的进步和发展贡献自己的力量。

（三）促进职业规划的合理性

人文价值观中的理性、审慎等要素，有助于个体在职业规划时保持冷静、客观的态度。通过对自身条件、市场需求、行业趋势等因素进行全面分析，个体能够制定出更加合理、可行的职业规划。这种基于人文价值观的职业规划，不仅符合个体的实际情况和愿望，也更具前瞻性和适应性，能够更好地应对未来职业发展的挑战。

（四）提升职业发展的可持续性

人文价值观强调可持续发展、关注长远利益，这一理念在职业发展中体现为鼓励个体注重职业发展的可持续性。通过不断学习、提升自己的能力和素质，个体能够在职业生涯中保持竞争力，实现个人价值的持续增长。同时，关注行业趋势和社会需求的变化，及时调整自己的职业规划和定位，也是实现职业发展可持续性的重要途径。在人文价值观的指导下，个体能够更加注重个人与社会的和谐发展，实现个人价值与社会价值的统一。

总之，人文价值观在指导职业选择与定位中发挥着重要作用。通过明确职业方向与目标、强化职业认同感与使命感、促进职业规划的合理性以及提升职业发展的可持续性等方面的影响，人文价值观帮助个体在职业发展中找到适合自己的道路，实现个人价值与社会价值的双赢。

二、塑造职业形象与品牌

在职业发展中，塑造一个积极的职业形象与品牌至关重要。这不仅有助于个人在职场中脱颖而出，还能为个人带来更多的机会和资源。人文价值观在这一过程中扮演着重要的角色，下面从四个方面分析其对塑造职业形象与品牌的影响。

（一）树立诚信正直的形象

人文价值观中的诚信原则，要求个人在职业活动中恪守承诺、信守合同、不欺诈、不隐瞒。这种诚信正直的品质是塑造职业形象与品牌的基础。一个诚实守信的个体，在职场中能够获得他人的信任和尊重，从而建立起良好的职业声誉。通过长期保持诚信正直的行为，个体能够逐渐形成独特的职业形象，成为职场中的楷模。

具体来说，个体需要在工作中做到言行一致、表里如一，不轻易承诺自己无法兑现的事情。同时，在面对困难和挑战时，要勇于承担责任、积极寻求解决方案，而不是逃避或推诿。这种诚信正直的形象不仅能够赢得他人的信任，还能够激发团队成员的积极性和创造力，促进整个团队的发展。

（二）展现专业能力与素养

人文价值观中的尊重、敬业等原则，要求个体在职业活动中具备高度的专业素养和能力。通过不断学习和提升自己的专业技能，个体能够展现出自己的专业水平和能力，从而在职场中树立起专业可靠的形象。同时，注重细节、精益求精的工作态度也能够让个体在职业发展中脱颖而出。

在塑造职业形象与品牌时，个体需要注重自己的言行举止和职业素养。例如，在与客户沟通时要保持礼貌、耐心和专业的态度；在处理工作时要注重细节、追求卓越；在团队合作中要积极贡献自己的力量，与团队成员共同协作。这些行为举止和职业素养的展现，能够让个体在职场中树立起专业可靠的形象，成为职场中的佼佼者。

（三）传递积极正能量

人文价值观中的乐观、积极等原则，要求个体在职业活动中保持积极的心态和态度。通过传递积极正能量，个体能够影响周围的人，营造出良好的工作氛围和企业文化。这种积极正能量的传递不仅有助于个体的职业发展，还能够促进整个组织的进步和发展。

在塑造职业形象与品牌时，个体需要注重自己的言行举止和态度。例如，在面对困难和挑战时要保持乐观、积极的态度，在与人交往时要传递正能量、传递快乐和关爱，在团队合作中要鼓励他人、帮助他人成长。这些积极的行为举止和态度能够让个体在职场中树立起积极、阳光的形象，成为团队中的正能量源泉。

（四）建立广泛的人脉关系

人文价值观中的尊重、包容等原则，要求个体在职业活动中注重人际关系的建立和维护。通过建立广泛的人脉关系，个体能够获得更多的资源和信息支持，为职业发展提供更多的机会和可能性。同时，良好的人际关系还能够促进个体与他人的合作与交流，实现共赢发展。

在塑造职业形象与品牌时，个体需要注重人际关系的建立和维护。例如，积极参加各类社交活动、拓展自己的人脉圈子；主动与他人建立联系、保持良好的沟通和交流；在合作中注重信任和尊重、实现共赢发展。这些行为能够让个体在职场中建立起广泛的人脉关系网络，为职业发展提供更多的支持和帮助。

三、增强职业竞争力与适应力

在快速变化的职场环境中，增强职业竞争力与适应力对于个人的职业发展至关重要。人文价值观在这一过程中发挥着不可忽视的作用，下面从四个方面分析其对增强职业竞争力与适应力的积极影响。

（一）培养持续学习与自我提升的意识

人文价值观中的自我完善和发展理念，强调个体应不断追求知识和技能的更新与提升。这种持续学习与自我提升的意识是增强职业竞争力与适应力的基础。在竞争激烈的职场中，只有不断学习新知识、掌握新技能，才能跟上时代的步伐，保持个人的竞争力。

具体来说，个体应定期评估自己的知识结构和技能水平，制订切实可行的学习计划。通过学习新领域的知识、参与专业培训、与同行交流等方式，不断提升自己的专业素养和综合能力。此外，还应注重培养跨领域的思维能力和创新能力，以应对未来职业发展的挑战。

（二）塑造开放包容的职业心态

人文价值观中的开放包容理念，要求个体在职场中保持开放的心态，接纳不同的观点和文化。这种开放包容的职业心态有助于个体适应多元化的职场环境，增强职业适应力。

在职场中，个体应尊重他人的观点和文化差异，学会倾听和沟通。通过与不同背景的人合作与交流，拓宽自己的视野和思维方式。这种开放包容的职业心态能够让个体更好地理解职场中的问题和挑战，找到更加有效的解决方案。同时，还能够促进个体与他人的和谐共处，提升团队协作效率。

（三）培养解决问题的能力和创新思维

人文价值观中的创新精神和问题导向理念，要求个体在职场中积极面对问题，寻求创新的解决方案。这种解决问题的能力和创新思维是增强职业竞争力与适应力的关键。

在面对职场中的问题和挑战时，个体应保持冷静、理性的态度，深入分析问题的本质和原因。通过运用所学的知识和技能，尝试提出创新性的解决方案。同时，还应注重培养自己的批判性思维和系统性思考能力，以便更好地应对复杂多变的职场环境。

（四）建立稳定的情绪管理与压力应对机制

人文价值观中的情绪管理理念和应对压力的策略，有助于个体在职场中保持稳定的情绪状态，有效应对各种压力和挑战。这种稳定的情绪状态是增强职业竞争力与适应力的重要保障。

在职场中，个体应学会识别和管理自己的情绪，避免情绪失控对工作和人际关系造成不良影响。通过运用有效的情绪管理技巧和方法，如深呼吸、冥想、放松训练等，缓解压力和焦虑情绪。同时，还应注重培养自己的韧性和抗压能力，以应对职场中的各种挑战和困难。

总之，人文价值观在增强职业竞争力与适应力方面发挥着重要作用。通过培养持续学习与自我提升的意识、塑造开放包容的职业心态、培养解决问题的能力和创新思维以及建立稳定的情绪管理与压力应对机制等方面的影响，人文价值观能够帮助个体在快速变化的职场环境中保持竞争优势和适应能力。

四、实现职业成功与人生价值的统一

在追求职业成功的道路上，实现职业成功与人生价值的统一是每个人的终极目标。人文价值观在这一过程中起到了至关重要的作用，下面从四个方面分析其对实现职业成功与人生价值统一的影响。

（一）明确职业成功与人生价值的内涵

人文价值观强调个体对人生意义的追求，以及个人价值与社会价值的统一。在实现职业成功与人生价值统一的过程中，个体首先需要明确职业成功和人生价值的内涵。职业成功不仅仅意味着职位的晋升和收入的增加，更包括在工作中实现自我价值、获得成就感、得到社会认可等方面。而人生价值则是指个体在追求自我完善、实现个人理想、贡献社会等方面所体现的价值。

明确职业成功与人生价值的内涵，有助于个体在职业发展过程中保持正确的方向，避免陷入盲目追求物质利益的误区。同时，也能够让个体更加清晰地认识到自己的职业追求与人生目标是否一致，从而调整自己的职业规划和发展方向。

（二）将人文价值观融入职业实践

将人文价值观融入职业实践是实现职业成功与人生价值统一的重要途径。个体在职业发展中应始终秉持人文价值观的理念，将其贯穿于工作的各个环节。例如，在工作中注重团队协作、尊重他人、关心员工成长等，在与客户沟通时保持诚信正直、热情周到的态度，在处理问题时注重公正公平、关注长远利益等。

通过将人文价值观融入职业实践，个体能够在工作中展现出自己的独特风格和魅力，获得他人的尊重和信任。同时，也能够让个体在职业发展中更加注重人文关怀和社会责任，实现个人价值与社会价值的统一。

（三）不断提升个人综合素质

实现职业成功与人生价值统一的过程中，个体需要不断提升自己的综合素质。这包括专业技能、沟通能力、领导能力、创新能力等多个方面。人文价值观中的自我完善和发展理念要求个体不断追求知识和技能的提升，以应对职场中的挑战和变化。

通过不断学习和实践，个体能够提升自己的综合素质，增强职业竞争力。同时，也能够让个体在职业发展中更加从容自信地面对各种问题和挑战，实现个人价值与社会价值的统一。

（四）保持积极心态和良好品质

在实现职业成功与人生价值统一的过程中，保持积极心态和良好品质至关重要。人文价值观中的乐观向上、积极进取等理念要求个体在职场中保持积极向上的心态，面对困难和挑战时能够保持冷静、乐观的态度。同时，人文价值观中的诚信正直、敬业奉献等品质也是个体在职业发展中不可或缺的品质。

通过保持积极心态和良好品质，个体能够在职场中展现出自己的独特魅力和价值，赢得他人的尊重和信任。同时，也能够让个体在职业发展中更加注重个人成长和社会责任，实现个人价值与社会价值的统一。

总之，实现职业成功与人生价值统一是一个长期而复杂的过程。人文价值观在其中起到了至关重要的作用，通过明确职业成功与人生价值的内涵、将人文价值观融入职业实践、不断提升个人综合素质以及保持积极心态和良好品质等方面的影响，人文价值观能够帮助个体在职业发展中实现个人价值与社会价值的统一。

第五节　职业素养与人文价值观的培养途径

一、教育体系的改革与完善

在培养职业素养与人文价值观的过程中，教育体系的改革与完善起着至关重要的作用。以下从四个方面详细分析教育体系的改革与完善对职业素养与人文价值观培养的影响。

（一）课程设置与内容的优化

课程设置与内容的优化是教育体系改革的核心。为了培养学生的职业素养与人文价值观，教育体系需要注重课程的综合性、实践性和创新性。首先，增设与职业素养和人文价值观相关的课程，如职业道德、职业规划、人文社科等，以提升学生的专业素养和人文素养。其次，注重课程的实践性，通过案例分析、角色扮演、实地考察等方式，让学生在实践中体验和感悟职业素养与人文价值观的重要性。最后，鼓励课程的创新性，培养学生的创新思维和创新能力，以适应不断变化的社会需求。

在优化课程设置与内容的过程中，需要关注学生的个性差异和兴趣特点，提供多样化的课程选择。同时，加强课程之间的衔接和融合，形成完整的课程体系，促进学生的全面发展。

（二）教学方法与手段的创新

教学方法与手段的创新对于培养学生的职业素养与人文价值观具有重要意义。传统的讲授式教学已经无法满足现代教育的需求，需要采用更加灵活多样的教学方法和手段。例如，可以采用项目式学习、探究式学习、合作学习等方式，让学生在参与和互动中提升职业素养和人文素养。同时，利用现代信息技术手段，如多媒体教学、网络教学、在线课程等，为学生提供更加丰富多样的学习资源和学习途径。

在教学方法与手段的创新过程中，需要注重学生的主体性和参与性，激发学生的学习兴趣和积极性。同时，教师需要不断提升自己的专业素养和教学能力，以适应教学方法和手段的创新需求。

（三）师资队伍建设与培训

师资队伍建设与培训是教育体系改革的关键环节。优秀的师资队伍是培养学生职业素养与人文价值观的重要保障。因此，需要加强师资队伍建设与培训，提高教师的专业素养和教学能力。首先，注重教师的师德师风建设，培养教师的职业道德和敬业精神。其次，加强教师的专业培训，提高教师的专业水平和教学能力。最后，鼓励教师参与教育研究和创新实践，提升教师的创新能力和实践能力。

在师资队伍建设与培训的过程中，需要注重教师的专业发展和个人成长，为教师提供广阔的发展空间和良好的工作环境；同时，加强教师之间的交流与合作，形成良好的教育生态环境。

（四）评价与反馈机制的完善

评价与反馈机制的完善是教育体系改革的重要保障。为了确保职业素养与人文价值观培养的有效性，需要建立完善的评价与反馈机制。首先，制定科学的评价标准和方法，对学生的职业素养和人文素养进行全面客观的评价。其次，加强评价结果的反馈和应用，及时发现问题并进行改进。最后，注重评价的激励作用，鼓励学生积极参与职业素养与人文价值观的培养活动。

在评价与反馈机制的完善过程中，需要注重评价的公正性和客观性，避免主观性和片面性的影响。同时，加强评价结果的透明度和公开性，让学生和家长了解评价的结果和过程。

二、企业文化的建设与推广

企业文化的建设与推广在塑造员工职业素养和深化人文价值观方面起着至关重要的作用。以下从四个方面详细分析企业文化的建设与推广对职业素养与人文价值观培养的影响。

（一）明确企业文化核心价值观

企业文化的核心价值观是企业文化的灵魂，它体现了企业的基本信仰和行为准则。为了培养员工的职业素养和人文价值观，企业需要明确并坚守自己的核心价值观。这些价值观应该包括诚信、创新、责任、尊重等，它们不仅指导着企业的决策和行为，也影响着员工的职业态度和行为方式。通过不断强调和践行这些价值观，企业可以营造一个积极向上、和谐有序的工作环境，使员工在潜移默化中接受并认同这些价值观。

在明确企业文化核心价值观的过程中，企业需要充分考虑自身的特点和优势，确保价值观的独特性和可行性。同时，企业还应该关注员工的需求和期望，使价值观与员工的个人追求相契合。这样可以激发员工的工作积极性和创造力，提高企业的凝聚力和竞争力。

（二）构建良好的企业文化氛围

良好的企业文化氛围是企业文化建设与推广的重要体现。为了营造这种氛围，企业需要注重员工的情感需求和精神关怀，通过组织各种活动、举办培训课程等方式来加强员工之间的交流和互动。这些活动可以包括团队建设、文化沙龙、志愿服务等，它们不仅可以增强员工的归属感和凝聚力，还可以让员工在参与中感受到企业文化的魅力和力量。

在构建良好的企业文化氛围的过程中，企业需要注重活动的多样性和趣味性，以吸引员工的积极参与。同时，企业还应该关注活动的实效性，确保活动能够真正促进员工之间的交流和互动，提高员工的职业素养和人文价值观。

（三）树立榜样与典型

树立榜样与典型是企业文化建设与推广的有效手段。通过表彰和宣传在工作中表现出色的员工和团队，企业可以树立一批具有职业素养和人文价值观的榜样。这些榜样不仅可以激励其他员工向他们学习，还可以成为企业文化传播的载体，让更多的人了解和认同企业文化。

在树立榜样与典型的过程中，企业需要注重榜样的真实性和代表性，确保他们能够真正体现企业的核心价值观。同时，企业还应该注重榜样的培养和扶持，为他们提供更多的发展机会和资源支持，让他们在企业中发挥更大的作用。

（四）强化企业文化的宣传与传承

企业文化的宣传与传承是企业文化建设与推广的长期任务。为了确保企业文化深入人心和持久发展，企业需要采取多种手段来加强企业文化的宣传与传承。这些手段可以包括内部宣传、外部传播、员工培训等方式。通过内部宣传，企业可以让员工更加深入地了解企业文化和核心价值观；通过外部传播，企业可以让更多的人了解企业的品牌形象和文化特色；通过员工培训，企业可以不断提升员工的职业素养和人文价值观。

在强化企业文化的宣传与传承过程中，企业需要注重宣传的针对性和实效性，确保宣传内容能够真正引起员工的共鸣和认同。同时，企业还应该注重传承的连续性和稳定性，确保企业文化能够持续发展和传承下去。

三、个人自我学习与提升

在追求职业素养与人文价值观的培养过程中，个人自我学习与提升是至关重要的。这不仅是对自我能力的投资，更是实现个人价值、融入社会发展的重要途径。以下从四个方面详细分析个人自我学习与提升对职业素养与人文价值观培养的影响。

（一）设定明确的学习目标与计划

个人自我学习与提升的首要步骤是设定明确的学习目标与计划。这要求个体根据自身的职业发展需求、兴趣爱好以及社会趋势，制定长期和短期的学习目标。例如，可以设定提升专业技能、拓宽知识面、增强沟通能力等具体目标。同时，为了确保目标的实现，个体还需要制订详细的学习计划，包括学习内容、学习时间、学习方法等，以确保学习过程的系统性和连贯性。

在设定学习目标与计划的过程中，个体需要充分了解自己的优势和不足，以及职业发展的方向和需求。这样可以帮助个体更加精准地定位自己的学习目标，避免盲目性和无效性。同时，个体还需要保持学习的主动性和积极性，不断调整和优化学习计划，以适应不断变化的环境和需求。

（二）拓展多元化的学习渠道与资源

随着信息时代的到来，学习渠道与资源变得日益丰富和多样化。个体可以通过阅读书籍、参加培训课程、在线学习等方式获取知识和技能；同时，也可以利用社交媒体、专业论坛等渠道获取行业资讯和交流经验。为了提升学习效果，个体需要不断拓展多元化的学习渠道与资源，选择适合自己的学习方式和方法。

在拓展学习渠道与资源的过程中，个体需要注重资源的真实性和可靠性，避免受到虚假信息和误导的影响。同时，个体还需要注重学习的深度和广度，不仅要关注专业知识和技能的学习，还要注重人文素养和社会责任的培养。这样可以帮助个体更加全面地提升自己的职业素养和人文价值观。

（三）实践与应用所学知识

学习的目的在于应用。个体在自我学习与提升的过程中，需要将所学知识应用到实践中去，通过实践来检验和提升学习效果。例如，可以通过参与项目、志愿服务等方式将所学知识应用到实际工作中去，通过实践来深化对知识的理解和掌握。同时，个体还需要注重反思和总结，及时发现问题并进行改进。

在实践与应用所学知识的过程中，个体需要注重理论与实践的结合，将所学知识转化为实际能力和行动。同时，个体还需要注重创新和实践能力的提升，不断尝试新的方法和思路，以应对不断变化的环境和需求。这样可以帮助个体更加灵活地运用所学知识，提升职业素养和人文价值观。

（四）持续学习与终身成长

持续学习与终身成长是现代社会对个体的基本要求。个体需要保持对新知识、新技能的学习热情和好奇心，不断充实和更新自己的知识和技能储备。同时，个体还需要关注社会发展和行业趋势的变化，及时调整自己的学习方向和计划。

在持续学习与终身成长的过程中，个体需要保持学习的主动性和自觉性，不断寻求新的学习机会和挑战。同时，个体还需要注重学习的连续性和系统性，将所学知识进行整合和升华，形成自己的知识体系和思维方式。这样可以帮助个体更加深入地理解职业素养和人文价值观的内涵和要求，实现个人价值与社会价值的统一。

第二章　职业素养中的道德观念

第一节　职业道德的内涵与要求

一、职业道德的基本概念

职业道德是指在从事特定职业活动过程中，从业人员应遵循的道德规范和行为准则。它既是职业活动的基本要求，也是职业发展的重要保障。以下从四个方面对职业道德的基本概念进行深入分析。

（一）职业道德的形成与发展

职业道德的形成与发展是一个历史过程，它随着社会经济的发展和职业分工的细化而逐渐完善。在古代社会，职业道德主要体现在师徒传承和行业规范中，具有浓厚的传统色彩。随着现代工业文明的发展，职业道德逐渐形成了更为系统、科学的体系，成为现代社会不可或缺的一部分。

职业道德的形成与发展受到多种因素的影响，包括社会制度、文化传统、经济发展等。在不同的历史时期和社会背景下，职业道德的内涵和要求也会有所不同。因此，我们需要根据时代的变化和社会的发展，不断完善和更新职业道德的内容和要求。

（二）职业道德的普遍性与特殊性

职业道德具有普遍性和特殊性。普遍性体现在职业道德是各行各业从业人员都应遵循的基本道德规范和行为准则，具有普遍适用的价值。特殊性则体现在不同职业领域对职业道德的要求有所不同，需要根据职业特点和行业规范制定相应的职业道德规范。

在职业活动中，从业人员需要同时遵循普遍性和特殊性的职业道德要求。普遍性要求从业人员具备基本的道德素质和职业操守，如诚实守信、公正公平、尊重他人等。特殊性则要求从业人员根据职业特点和行业规范，遵守特定的职业道德规范，如医生需要遵循医德医风、教师需要遵循师德师风等。

（三）职业道德的功能与价值

职业道德在职业活动中发挥着重要的功能和价值。首先，职业道德具有规范作用，能够约束从业人员的行为，维护职业活动的正常秩序。其次，职业道德具有导向作用，能够引导从业人员树立正确的价值观念和行为准则，促进个人和社会的和谐发展。最后，职业道德还具有激励作用，能够激发从业人员的积极性和创造力，提高职业活动的效率和质量。

在职业活动中，从业人员需要充分认识到职业道德的功能和价值，自觉遵守职业道德规范，不断提升自己的职业素养和道德水平。同时，企业和社会也应该加强对职业道德的宣传和教育，营造良好的职业道德氛围，促进职业活动的健康发展。

（四）职业道德与个人品质的关系

职业道德与个人品质密切相关，个人品质是职业道德的基础和保障。一个具有良好个人品质的人，往往能够自觉遵守职业道德规范，恪守职业操守，展现出高尚的职业风范。相反，一个缺乏良好个人品质的人，则容易在职业活动中出现失范行为，损害职业形象和职业声誉。

因此，从业人员需要注重个人品质的培养和提升，不断加强自身的道德修养和素质建设。同时，企业和社会也应该加强对从业人员的个人品质教育，引导他们树立正确的价值观念和道德观念，形成良好的道德品质和行为习惯。

二、职业道德的核心内容

职业道德的核心内容是指从业人员在从事职业活动时，应遵守的基本道德准则和行为规范。这些核心内容构成了职业道德的基石，对于维护职业形象、促进职业健康发展具有重要意义。下面将从四个方面对职业道德的核心内容进行深入分析。

（一）诚实守信

诚实守信是职业道德的核心内容之一，也是从业人员在职业活动中应遵循的基本道德准则。诚实是指从业人员在职业活动中应真实、准确地表达自己的意见和观点，不隐瞒、不欺骗、不歪曲事实。守信则是指从业人员应恪守承诺，言行一致，不轻易违背自己的诺言和约定。

诚实守信的职业道德要求从业人员在职业活动中保持高度的诚信度，建立起良好的信誉和口碑。这不仅有助于维护个人和企业的形象，还能够增强客户和合作伙伴的信任和合作意愿。同时，诚实守信也是从业人员实现个人价值和职业发展的基础，只有具备了诚实守信的品质，才能够在职业道路上走得更远。

（二）公正公平

公正公平是职业道德的另一项核心内容，要求从业人员在职业活动中坚持公正、公平的原则，不偏袒、不歧视、不徇私舞弊。公正是指从业人员在职业活动中应客观地评估事物，不受个人情感、利益等因素的影响，做出公正的判断和决策。公平则是指从业人员在职业活动中应平等对待所有利益相关者，不偏袒任何一方，维护各方利益的平衡和协调。

公正公平的职业道德要求从业人员在职业活动中保持高度的公正性和公平性，建立起公正公平的职业形象。这不仅有助于维护职业活动的公正性和公平性，还能够增强客户和合作伙伴的信任和合作意愿。同时，公正公平也是企业和社会发展的基石，只有具备了公正公平的职业道德，才能够实现企业和社会的可持续发展。

（三）尊重他人

尊重他人是职业道德的又一项核心内容，要求从业人员在职业活动中尊重他人的权利和尊严，不侵犯他人的利益，不侮辱、不歧视、不攻击他人。尊重他人不仅是对他人的基本尊重，也是从业人员职业素养的体现。

尊重他人的职业道德要求从业人员在职业活动中保持高度的尊重和礼貌，对待客户和合作伙伴要热情周到、耐心细致，建立起良好的人际关系。同时，从业人员还需要尊重他人的知识和经验，虚心学习、请教他人，不断提升自己的专业素养和能力水平。

（四）勤勉敬业

勤勉敬业是职业道德的最后一项核心内容，要求从业人员在职业活动中保持高度的责任心和敬业精神，勤奋努力、尽职尽责地完成工作任务。勤勉敬业不仅是对工作的尊重，也是从业人员实现个人价值和职业发展的基础。

勤勉敬业的职业道德要求从业人员在职业活动中保持高度的责任心和敬业精神，对工作认真负责、精益求精，不断提高工作效率和质量。同时，从业人员还需要具备创新意识和创新能力，不断探索新的工作方法和思路，为企业和社会的发展贡献自己的力量。

三、职业道德在职业行为中的基本要求

在职业行为中，职业道德的遵守不仅体现了从业者的专业素养，也是维护职业秩序、保障社会和谐的重要基石。下面将从四个方面详细分析职业道德在职业行为中的基本要求。

（一）坚守职责与义务

职业道德在职业行为中的首要要求是坚守职责与义务。从业人员应明确自己的职业定位和工作职责，并以此为基础，尽职尽责地履行自己的职业义务。这意味着从业人员需要全面了解自己的工作范围、目标和责任，确保自己的工作行为符合职业规范和要求。

在具体实践中，坚守职责与义务要求从业人员具备高度的责任感和使命感，对工作始终保持热情和专注。他们应认真对待每一个工作细节，确保工作的准确性和高效性。同时，从业人员还需要不断学习和提升自己的专业技能，以适应职业发展的需要，更好地履行自己的职责和义务。

（二）尊重并保护他人权益

职业道德在职业行为中的另一个基本要求是尊重并保护他人权益。从业人员在职业活动中应始终遵循公正、公平的原则，尊重他人的权利和尊严，不侵犯他人的合法权益。这包括尊重他人的知识产权、隐私权、人格尊严等，确保自己的职业行为符合道德和法律规范。

在实际操作中，从业人员需要时刻保持警惕，确保自己的行为不会对他人的权益造成损害。例如，在从事商业活动时，应遵守商业道德和竞争规则，

不进行不正当竞争或侵犯他人商业利益。在与人交往时，应尊重他人的隐私和意愿，不进行恶意攻击或诋毁。

（三）维护职业形象与声誉

职业道德在职业行为中的第三个基本要求是维护职业形象与声誉。从业人员应始终保持良好的职业形象，树立良好的职业声誉，以赢得公众的信任和尊重。这要求从业人员在职业活动中注重自己的言行举止，确保自己的行为符合职业规范和道德标准。

为了实现这一目标，从业人员需要时刻保持清醒的头脑，避免在职业活动中出现失范行为。他们应遵守职业纪律和规定，不参与任何违法乱纪的活动。同时，从业人员还需要注重自己的形象塑造，通过优秀的职业表现赢得公众的认可和尊重。例如，在公共场合应穿着得体、举止大方；在工作中应认真负责、精益求精；在与人交往时应友善热情、诚实守信等。

（四）持续学习与自我提升

职业道德在职业行为中的最后一个基本要求是持续学习与自我提升。随着社会的不断发展和科技的不断进步，职业领域也在不断变化和更新。为了保持自己的职业竞争力和适应职业发展的需要，从业人员应始终保持学习的热情和动力，不断提升自己的专业素养和能力水平。

在实际操作中，从业人员需要积极参加各种培训和学习活动，不断更新自己的知识和技能。他们可以通过阅读专业书籍、参加培训课程、参与行业交流等方式获取新的信息和知识。同时，从业人员还需要注重实践经验的积累和总结，通过反思自己的工作行为不断提升自己的职业素养和能力水平。通过持续学习与自我提升，从业人员可以更好地履行自己的职业职责和义务，为职业的发展和社会的进步做出更大的贡献。

四、职业道德在现代社会的重要性

在现代社会，职业道德的重要性日益凸显，它不仅关乎个人职业发展的成败，更与社会的和谐稳定、经济的健康发展息息相关。下面将从四个方面详细分析职业道德在现代社会的重要性。

（一）促进个人职业发展与成功

职业道德对于个人职业发展与成功具有决定性的影响。在现代社会，职场竞争日益激烈，企业对于人才的要求也越来越高。具备良好的职业道德，能够使从业人员在职业生涯中脱颖而出，赢得他人的尊重和信任。一个诚实守信、勤勉敬业、尊重他人的从业者，往往能够获得更多的职业机会和发展空间。同时，职业道德的坚守也能使从业者在职场中保持高度的自律和责任感，避免因为失范行为带来的职业风险。

此外，职业道德还能促进个人职业能力的提升。在持续学习与自我提升的过程中，从业者需要不断地追求更高的职业目标，而职业道德的坚守则能为其提供强大的精神动力。通过不断地学习和实践，从业者能够不断提升自己的专业素养和技能水平，从而更好地适应职业发展的需要。

（二）维护社会和谐稳定

职业道德的遵守对于维护社会和谐稳定具有重要意义。在职业活动中，从业人员需要与其他人进行频繁的交往和合作。如果每个人都能够遵守职业道德规范，尊重他人的权利和尊严，那么整个社会的交往和合作将会更加顺畅和高效。这将有助于减少社会矛盾和冲突，增强社会的凝聚力和向心力。

同时，职业道德的遵守还能促进社会的公平正义。在职业活动中，从业者需要遵循公正、公平的原则，确保自己的行为符合道德和法律规范。这将有助于消除职业歧视和偏见，保障每个人的合法权益不受侵犯。一个充满公正和公平的社会环境，将使人们更加愿意为社会的繁荣和发展贡献自己的力量。

（三）推动经济健康发展

职业道德的遵守对于推动经济健康发展同样具有重要作用。在市场经济条件下，企业的竞争力和信誉度往往与其从业人员的职业道德水平密切相关。如果企业能够拥有一批具备良好职业道德的从业人员，那么它将能够赢得更多的客户和合作伙伴的信任和支持，从而在激烈的市场竞争中立于不败之地。

同时，职业道德的遵守还能促进企业的创新和发展。在持续学习与自我提升的过程中，从业者能够不断地探索新的工作方法和思路，为企业的发展注入新的活力。这将有助于推动企业的技术进步和产业升级，提高企业的核心竞争力和市场占有率。

(四) 塑造良好的社会风尚

职业道德的遵守对于塑造良好的社会风尚具有重要影响。在职业活动中，从业者不仅需要遵守职业道德规范，还需要在言行举止中传递出积极向上的价值观和行为准则。这将有助于影响周围的人，形成一种良好的社会风尚和文化氛围。

同时，职业道德的遵守还能引导社会舆论和道德风尚的发展方向。在现代社会中，媒体和舆论对于社会风尚的影响越来越大。如果从业者能够积极践行职业道德规范，那么他们的行为将能够被媒体和舆论广泛传播和宣传，从而引导社会舆论和道德风尚向更加积极、健康的方向发展。这将有助于提升整个社会的道德水平和文化素养，为社会的和谐稳定和经济的健康发展提供有力的支撑。

第二节　道德观念在职业行为中的体现

一、道德观念对职业行为的影响

道德观念作为个体内心对于善恶、是非、公正等价值标准的判断与认知，在职业行为中扮演着至关重要的角色。它不仅指导着从业者的决策过程，还影响着职业行为的结果和效果。下面将从四个方面详细分析道德观念对职业行为的影响。

(一) 引导职业决策方向

道德观念在职业行为中的首要影响是引导职业决策的方向。在面对各种复杂的职业情境和问题时，从业者往往需要权衡各种利益关系，做出合理的决策。在这个过程中，道德观念起到了至关重要的作用。它帮助从业者明确自己的价值追求和道德底线，确保在追求个人利益的同时，不损害他人和社会的利益。因此，一个拥有正确道德观念的从业者，能够在职业决策中坚守原则，做出符合道德规范的决策。

例如，在面对一个可能损害消费者权益的决策时，一个拥有正确道德观念的从业者会坚决拒绝，并努力寻找更加合理、公正的解决方案。这种道德观念的引导作用，不仅有助于维护消费者权益，也有助于提升企业的形象和信誉。

（二）塑造职业行为模式

道德观念对职业行为的影响还体现在塑造职业行为模式方面。一个拥有正确道德观念的从业者，会在日常工作中自觉遵守职业道德规范，形成一种良好的职业行为模式。这种模式不仅能够帮助从业者提高工作效率和质量，还能够增强团队的凝聚力和向心力。

例如，一个诚实守信的从业者，在工作中会始终保持真实、准确的态度，不隐瞒、不欺骗。这种诚信的行为模式不仅能够赢得同事和客户的信任和尊重，还能够促进团队的和谐与稳定。同时，这种诚信的行为模式也能够激发从业者的积极性和创造力，推动个人和企业的共同发展。

（三）影响职业行为结果

道德观念对职业行为的影响还体现在影响职业行为结果方面。一个拥有正确道德观念的从业者，在职业行为中能够坚守原则、恪守职责，确保自己的行为符合道德和法律规范。这种坚持原则的行为不仅能够赢得他人的尊重和信任，还能够为企业和社会创造更大的价值。

例如，一个勤勉敬业的从业者，在工作中会尽职尽责、精益求精，确保工作的质量和效率。这种敬业的行为不仅能够提升企业的生产力和竞争力，还能够为社会创造更多的财富和价值。同时，这种敬业的行为也能够激励其他从业者积极投身工作，共同推动企业和社会的繁荣发展。

（四）提升职业形象与声誉

道德观念对职业行为的影响还体现在提升职业形象与声誉方面。一个拥有正确道德观念的从业者，在职业行为中能够始终坚守原则、恪守职责，赢得他人的尊重和信任。这种尊重和信任不仅能够提升从业者的个人形象和声誉，还能够为企业和社会树立良好的形象和声誉。

例如，一个尊重他人、公正公平的从业者，在工作中会平等对待所有利益相关者，不偏袒任何一方。这种公正公平的行为不仅能够赢得客户的信任和合作意愿，还能够为企业树立公正、公平的企业形象。同时，这种公正公平的行为也能够促进社会的和谐与稳定，为社会的繁荣发展贡献力量。

二、道德观念在职业决策中的作用

在职业生涯中，个体常常需要面对各种复杂的决策情境。这些决策不仅关乎个人的职业发展，也影响着组织、社会乃至更广泛的利益群体。道德观念作为个体内心的价值判断标准，在职业决策中发挥着至关重要的作用。下面将从四个方面详细分析道德观念在职业决策中的作用。

（一）明确决策的价值导向

道德观念为职业决策提供了明确的价值导向。在决策过程中，个体需要权衡各种利益关系，确定最佳的行动方案。而道德观念能够帮助个体明确自己的价值追求和道德底线，从而在决策时坚守原则，确保决策结果符合道德标准。这种价值导向的作用，使得个体在面临利益冲突时能够坚守道德底线，避免做出损害他人或社会利益的行为。

例如，在决定是否接受一项可能损害环境利益的商业项目时，一个拥有强烈环保意识的从业者会基于自己的道德观念，拒绝接受这个项目。这种决策虽然可能暂时影响个人的经济利益，但符合个体的道德追求和社会责任感。

（二）提供决策的道德支撑

道德观念为职业决策提供了坚实的道德支撑。在决策过程中，个体需要面对各种不确定性和风险。而道德观念能够帮助个体坚定信心，勇敢面对困难和挑战。它提醒个体，即使面临困难和挑战，也要坚守道德原则，维护社会公正和公平。这种道德支撑的作用，使得个体在决策时更加坚定和自信，能够勇敢地承担起自己的责任和义务。

例如，在面对一项可能涉及不公正竞争的决策时，一个拥有正确道德观念的从业者会基于公平和正义的原则，坚决拒绝参与不正当竞争。即使这可能导致个人的职业发展受到影响，但这种坚定的道德支撑使得他能够勇敢地坚守原则，维护社会的公正和公平。

（三）优化决策的伦理考量

道德观念在职业决策中还能够优化决策的伦理考量。在决策过程中，个体需要全面考虑各种影响因素，包括经济效益、社会效益、环境影响等。而道德观念能够帮助个体更加全面地审视这些影响因素，确保决策结果不仅符合经济效益的要求，也符合社会、环境和伦理的要求。这种伦理考量的作用，使得个体在决策时能够更加注重全面性和长远性，避免因为短视和利益驱动而做出错误的决策。

例如，在决定是否引入一项新技术时，一个拥有正确道德观念的从业者会全面考虑这项技术对社会、环境和伦理的影响。如果这项技术可能对环境造成破坏或对社会造成负面影响，那么即使它能够带来短期的经济效益，他也会选择放弃这项技术。这种全面的伦理考量使得决策更加合理和可行。

（四）促进决策的道德共识

道德观念在职业决策中还能够促进决策的道德共识。在组织中，不同的个体可能拥有不同的价值观念和利益诉求。这可能导致在决策过程中出现分歧和冲突。而道德观念作为一种普遍认可的价值标准，能够帮助不同个体在决策过程中达成共识和妥协。这种道德共识的作用，使得组织能够在尊重个体差异的同时，保持统一和协调的行动方向。

例如，在一个团队中，不同成员可能对某个决策方案有不同的看法。但是，如果大家都能够基于共同的道德观念进行沟通和协商，那么就有可能找到一个既符合道德标准又能够满足各方利益的解决方案。这种道德共识的促进作用使得组织能够更加高效地运作并取得更好的业绩。

三、道德观念在职业交往中的表现

在职业世界中，人际交往是日常工作的重要组成部分，它涉及与同事、上司、下属、客户以及合作伙伴的互动。道德观念在职业交往中扮演着关键角色，它不仅指导着从业者的言行举止，还影响着人际关系的和谐与稳定。下面将从四个方面详细分析道德观念在职业交往中的表现。

（一）诚信正直的交往态度

诚信正直是道德观念在职业交往中的首要表现。诚信意味着言行一致，信守承诺，不撒谎、不欺骗。正直则要求从业者坚持原则，不阿谀奉承，不损人利己。在职业交往中，诚信正直的交往态度能够赢得他人的信任和尊重，促进信息的真实传递和问题的有效解决。

例如，在与同事合作时，一个拥有诚信正直品质的从业者会坦诚相待，共享信息，避免隐瞒和误导。在与客户沟通时，他也会如实反映产品或服务的真实情况，不夸大其词，不虚假宣传。这种诚信正直的交往态度能够建立起良好的信任关系，为工作的顺利进行奠定基础。

此外，诚信正直的交往态度还能够促进组织的健康发展。在一个充满诚信正直氛围的组织中，员工之间能够相互信任、相互支持，形成强大的凝聚力和向心力。这种凝聚力能够激发员工的积极性和创造力，推动组织不断向前发展。

（二）尊重他人的交往方式

尊重他人是道德观念在职业交往中的另一个重要表现。尊重意味着关注他人的感受和需求，尊重他人的权利和尊严。在职业交往中，尊重他人的交往方式能够建立起和谐的人际关系，减少冲突和摩擦。

例如，在与同事交流时，一个尊重他人的从业者会认真倾听对方的意见和建议，给予积极的反馈和支持。在与上司沟通时，他也会尊重上司的决策和权威，积极配合完成工作任务。在与客户合作时，他更是会尊重客户的利益和需求，提供优质的服务和解决方案。这种尊重他人的交往方式能够赢得他人的好感和信任，为工作的顺利开展创造有利条件。

同时，尊重他人的交往方式还能够提升个人的职业素养和形象。一个尊重他人的从业者能够展现出自己的专业素养和道德修养，赢得他人的尊重和敬佩。这种尊重和敬佩能够进一步提升个人的职业声誉和影响力，为个人的职业发展打下坚实基础。

（三）公正公平的交往原则

公正公平是道德观念在职业交往中的核心原则。公正意味着不偏袒、不歧视，按照规则和程序办事。公平则要求合理分配资源和机会，确保每个人的权益得到保障。在职业交往中,公正公平的交往原则能够维护组织的公平性和正义性,促进人际关系的和谐与稳定。

例如,在分配工作任务时,一个遵循公正公平原则的从业者会考虑每个成员的能力、特长和意愿,确保任务分配的合理性和公平性。在晋升和奖励方面,他也会根据成员的实际表现和贡献进行公正评价,避免主观臆断和偏见。这种公正公平的交往原则能够建立起公正的竞争机制,激发成员的积极性和创造力,推动组织的持续发展。

(四)互助合作的交往精神

互助合作是道德观念在职业交往中的积极表现。互助意味着在他人需要帮助时伸出援手,共同克服困难。合作则要求团队成员之间互相配合、互相支持,共同完成任务。在职业交往中,互助合作的交往精神能够增强团队的凝聚力和向心力,促进工作的顺利进行。

例如,在面对一项复杂的工作任务时,一个拥有互助合作精神的从业者会积极与团队成员沟通协作,共同制订解决方案和实施计划。在遇到困难时,他也会主动寻求帮助和支持,与团队成员共同面对挑战。这种互助合作的交往精神能够营造出积极向上的工作氛围,激发团队成员的创造力和潜能,推动工作的不断创新和进步。

四、道德观念在职业创新中的价值

在快速发展的现代社会中,职业创新已成为推动行业进步和企业发展的重要动力。道德观念在职业创新中扮演着不可或缺的角色,它不仅为创新提供了正确的价值导向,还确保了创新过程的公正性和可持续性。下面将从四个方面详细分析道德观念在职业创新中的价值。

(一)道德观念作为创新的指导原则

在职业创新过程中,道德观念为从业者提供了明确的指导原则。它要求从业者在追求创新的同时,坚守道德底线,确保创新活动符合社会伦理和法律规范。这种指导原则能够确保创新活动在正确的轨道上进行,避免偏离道德和法律轨道。

例如，在科技创新领域，从业者需要遵循科技伦理原则，确保创新成果不会损害人类健康、安全和环境。这种道德观念的指导使得科技创新能够在促进社会发展的同时，保障人类福祉和生态环境的稳定。

此外，道德观念还能够引导从业者关注社会问题和需求，将创新活动与社会责任相结合。这种结合不仅能够提升创新的社会价值，还能够增强从业者的社会责任感和使命感。

（二）道德观念促进创新的公正性

道德观念在职业创新中强调公正性，要求创新成果惠及更广泛的人群，而不是仅仅为少数人谋利。这种公正性能够确保创新活动的普惠性和可持续性，促进社会公正和稳定。

例如，在商业模式创新中，从业者需要关注利益分配问题，确保创新成果能够惠及消费者、员工、股东及社会等各方利益相关者。这种公正性的追求能够增强企业的社会责任感和公信力，提升企业的品牌形象和市场竞争力。

同时，道德观念还能够促进创新资源的公平分配。在创新过程中，资源的分配往往受到各种因素的影响，包括权力、地位、财富等。而道德观念要求从业者摒弃这些不公平的因素，确保创新资源能够公平地分配给所有有创新能力和意愿的人。这种公平的资源分配能够激发更多人的创新热情，推动整个社会的进步和发展。

（三）道德观念增强创新的可持续性

道德观念在职业创新中强调可持续性，要求创新活动不仅关注眼前利益，还要考虑长远影响。这种可持续性能够确保创新活动在促进经济发展的同时，保护生态环境和社会稳定。

例如，在绿色创新领域，从业者需要关注产品或服务对环境的影响，采用环保材料和技术，降低能源消耗和废弃物排放。这种绿色创新不仅能够满足消费者的环保需求，还能够促进企业的可持续发展。

同时，道德观念还要求从业者在创新过程中关注社会责任和公共利益。他们需要在追求经济效益的同时，关注创新活动对社会、环境和人类福祉的影响。这种关注能够确保创新活动的可持续性，为社会和人类的未来发展创造更加美好的条件。

（四）道德观念提升创新的品质与信誉

道德观念在职业创新中还能够提升创新的品质与信誉。一个坚守道德底线的从业者能够在创新过程中保持诚信、公正和负责的态度，确保创新成果的质量和可靠性。这种品质与信誉能够赢得消费者的信任和认可，提升企业的市场竞争力和品牌影响力。

同时，道德观念还能够促进创新文化的形成和发展。在一个充满道德观念的氛围中，从业者会更加注重创新的价值和意义，更加关注创新活动的公正性和可持续性。这种创新文化能够激发从业者的创新热情和创造力，推动整个行业的创新和发展。

第三节 道德决策与职业素养

一、道德决策的基本过程

道德决策是在面对道德困境时，基于个体的道德观念、价值观及社会责任，进行理性分析和判断，从而做出符合道德标准的决策的过程。这一过程不仅要求个体具备较高的道德意识，还需要运用一系列的分析方法和技巧。下面将从四个方面详细分析道德决策的基本过程。

（一）识别道德问题

道德决策的首要步骤是识别道德问题。在职业生活中，个体需要敏锐地察觉到可能涉及道德问题的情境，如利益冲突、权力滥用、不公平待遇等。识别道德问题的关键在于个体是否具备高度的道德敏感性和警觉性，能否从复杂的职业环境中准确捕捉到道德问题的存在。

在识别道德问题的过程中，个体需要保持开放和诚实的态度，勇于面对自己的道德疑虑和困惑。同时，还需要学会运用逻辑推理和批判性思维，对潜在的道德问题进行深入的分析和思考。通过这个过程，个体可以更加清晰地认识到道德问题的本质和重要性，为后续的道德决策奠定基础。

（二）收集相关信息

在识别道德问题后，个体需要收集相关的信息和数据，以便对问题进行全面的了解和分析。这些信息包括事实情况、利益相关者的诉求、法律法规的规定等。收集信息的目的是确保个体在做出道德决策时能够充分考虑各种因素，减少决策的盲目性和主观性。

在收集信息的过程中，个体需要保持客观和公正的态度，避免受到个人偏见和主观情感的影响。同时，还需要学会运用各种信息获取渠道和方法，如查阅文件、询问他人、进行实地调查等。通过这个过程，个体可以更加全面地了解道德问题的背景和现状，为后续的道德分析和判断提供有力的支持。

（三）道德分析和判断

在收集到足够的信息后，个体需要进行道德分析和判断。这个过程包括评估各种可能的行动方案、分析这些方案可能带来的后果和影响、权衡各种利弊得失等。道德分析和判断的目的是找出符合道德标准的最佳行动方案。

在进行道德分析和判断时，个体需要运用自己的道德观念和价值观作为指导原则。同时，还需要结合相关的法律法规和社会规范进行综合考虑。通过这个过程，个体可以更加深入地了解各种行动方案的道德性质和后果，从而做出更加明智和负责任的决策。

此外，个体还需要学会运用一些道德决策的工具和方法，如道德矩阵、伦理框架等。这些工具和方法可以帮助个体更加系统地分析和判断道德问题，提高道德决策的准确性和有效性。

（四）实施与评估道德决策

在做出道德决策后，个体需要将其付诸实施并进行持续的评估和调整。实施道德决策的过程需要个体具备坚定的意志力和执行力，能够克服各种困难和挑战将决策转化为实际行动。同时，个体还需要保持对决策结果的关注和关心，及时收集反馈信息并进行必要的调整和改进。

在评估道德决策时，个体需要关注决策的实际效果和影响是否符合预期目标以及是否符合道德标准。如果发现决策存在问题或偏差，个体需要及时进行调整和改进以确保决策的有效性和可持续性。通过这个过程，个体可以不断提高自己的道德决策能力和水平为未来的职业发展奠定坚实的基础。

二、道德决策在职业素养中的重要性

在职业素养的构建中，道德决策扮演着至关重要的角色。它不仅影响个体的职业行为和发展，还对整个组织乃至社会的道德风尚产生深远影响。下面将从四个方面详细分析道德决策在职业素养中的重要性。

(一) 塑造良好的职业形象

道德决策是塑造良好职业形象的基础。一个具备高度道德决策能力的个体，在面对职业挑战和道德困境时，能够坚守道德底线，做出符合社会期望和道德标准的决策。这种正直、诚信的决策行为能够赢得他人的尊重和信任，从而在职场中树立良好的职业形象。

一个具有良好职业形象的个体，不仅能够在职场上获得更多机会和资源，还能够激发他人的尊重和信任，形成积极的职业氛围。这种氛围有助于个体与同事、上级和客户之间建立和谐的关系，提高工作效率和团队合作。

(二) 提升职业竞争力

道德决策能力是提升职业竞争力的重要因素。在竞争激烈的职场环境中，一个具备高度道德决策能力的个体，能够更好地应对各种挑战和困难，抓住机遇，实现个人和组织的共同发展。

通过道德决策，个体能够识别并规避潜在的风险和陷阱，减少不必要的损失和纠纷。同时，道德决策还能够激发个体的创造力和创新精神，推动个人和组织的持续发展。这种竞争力不仅体现在职业技能和知识上，更体现在个体的道德品质和道德决策能力上。

(三) 促进组织道德文化建设

道德决策在促进组织道德文化建设中发挥着重要作用。一个组织的道德文化是其核心价值观和道德标准的体现，对于组织的长期发展具有重要影响。

通过鼓励和支持个体进行道德决策，组织能够引导员工树立正确的价值观和道德观，形成积极向上的道德风尚。这种道德风尚不仅能够增强员工的归属感和凝聚力，还能够提高组织的整体道德水平和社会声誉。

同时，道德决策还能够促进组织内部的沟通和协作，减少冲突和摩擦。在道德决策的引导下，员工能够更加关注组织的整体利益和长远发展，积极为组织的目标和愿景贡献力量。

（四）维护社会道德风尚

道德决策在维护社会道德风尚中具有重要作用。作为社会的一员，个体的道德决策行为不仅影响自身的职业发展和组织建设，还对整个社会的道德风尚产生深远影响。

通过道德决策，个体能够传递正确的价值观和道德观，引导社会形成良好的道德风尚。这种道德风尚不仅能够提高社会的整体道德水平，还能够促进社会和谐稳定发展。

同时，道德决策还能够推动社会公正和公平的实现。在道德决策的引导下，个体能够更加关注弱势群体的利益和需求，推动社会资源的公平分配和合理使用。这种公正和公平的社会环境能够激发人们的积极性和创造力，推动社会的持续进步和发展。

综上所述，道德决策在职业素养中具有不可替代的重要性。它不仅能够塑造良好的职业形象和提升职业竞争力，还能够促进组织道德文化建设和维护社会道德风尚。因此，我们应该注重培养和提高个体的道德决策能力，以推动个人、组织和社会的共同发展。

三、提高道德决策能力的途径与方法

在职业发展中，道德决策能力是决定个体是否能够在面对伦理挑战时做出明智、公正和负责任选择的关键因素。下面将从四个方面详细分析提高道德决策能力的途径与方法。

（一）加强道德教育与培训

道德教育与培训是提高道德决策能力的基本途径。通过系统的道德教育，个体可以深入理解道德原则和道德规范，明确自身的道德责任和使命。教育培训应涵盖道德理论、职业道德规范及案例分析等内容，使个体能够在实践中运用所学知识进行道德决策。

此外，道德教育还应注重培养个体的道德情感和道德意志。通过情感教育和道德实践，使个体能够形成坚定的道德信念和道德情感，从而在面对道德困境时能够坚守道德底线，做出正确的道德选择。

（二）提升道德认知与判断能力

道德认知与判断能力是道德决策的核心。个体需要不断提升自身的道德认知与判断能力，以应对复杂多变的职业环境。这包括提高道德敏感性，能够敏锐地识别道德问题；增强道德推理能力，能够运用道德原则和规范进行逻辑推理，以及培养道德想象力，能够预见不同决策可能带来的道德后果。

为提升道德认知与判断能力，个体可以通过阅读道德哲学、伦理学等相关书籍，参加道德讲座和研讨会，以及进行道德案例分析等方式，不断拓宽自己的道德视野和知识储备。

（三）加强实践锻炼与反思

实践锻炼是提高道德决策能力的有效途径。个体需要在实践中不断运用所学知识进行道德决策，并通过反思总结经验教训，不断完善自己的道德决策能力。

在实践锻炼中，个体可以积极参与各种职业活动，如项目管理、团队合作、客户服务等，以锻炼自己的道德决策能力。同时，个体还应注重收集反馈信息，及时了解他人对自己道德决策的评价和建议，以便及时调整和改进自己的决策行为。

在反思过程中，个体需要对自己的道德决策进行深入分析，思考决策过程中的优点和不足，并总结经验教训。通过反思，个体可以不断完善自己的道德决策方法和技巧，提高道德决策的准确性和有效性。

（四）建立道德支持网络

建立道德支持网络是提高道德决策能力的重要保障。个体需要寻求他人的帮助和支持，以应对复杂的道德问题。这包括与同事、上级、朋友和家人等建立良好的关系，以便在需要时寻求他们的意见和建议。

同时，个体还可以加入道德支持组织或社群，如伦理委员会、道德协会等，以获取更多的道德资源和支持。这些组织或社群可以提供道德咨询、培训、交流等服务，帮助个体提高道德决策能力。

在建立道德支持网络的过程中，个体需要注重培养自己的沟通技巧和合作能力，以便更好地与他人进行交流和合作。同时，个体还需要保持开放和包容的心态，尊重他人的观点和意见，以便在道德决策中取得更好的效果。

综上所述，提高道德决策能力需要从加强道德教育与培训、提升道德认知与判断能力、加强实践锻炼与反思以及建立道德支持网络等方面入手。通过不断努力和实践，个体可以不断提高自己的道德决策能力，为职业发展和社会进步做出更大的贡献。

四、道德决策与职业发展的关系

道德决策在职业发展中扮演着至关重要的角色，它不仅影响着个体的职业声誉和形象，还关系到职业生涯的持久性和成功。下面将从四个方面详细分析道德决策与职业发展的关系。

（一）道德决策塑造职业声誉

在职业发展中，良好的职业声誉是个体获得认可和成功的重要因素。道德决策作为职业行为的核心，直接影响着个体在职业领域的声誉和形象。一个能够在面对道德挑战时坚守原则、做出正确决策的个体，将赢得他人的尊重和信任，从而在职场上树立良好的职业声誉。

相反，一个频繁出现道德失范行为的个体，其职业声誉将受到严重损害。这种损害不仅来自他人的负面评价，还可能导致职业机会的丧失和职业生涯的挫折。因此，道德决策是塑造和维护职业声誉的关键环节。

（二）道德决策促进职业成长

道德决策能力的高低直接影响着个体的职业成长速度和方向。一个具备高度道德决策能力的个体，能够在职业发展中更好地应对各种挑战和机遇，抓住关键的发展机会，实现职业生涯的快速成长。

具体而言，道德决策能力强的个体在面对职业选择时，能够基于自己的价值观和道德标准，选择符合自己兴趣和天赋的职业领域。这种选择不仅能够激发个体的工作热情和创造力，还能够提高职业满意度和忠诚度。同时，在职业发展过程中，道德决策能力强的个体能够更好地处理与同事、上级和客户之间的关系，建立良好的人际关系网络，为职业成长提供有力支持。

（三）道德决策增强职业竞争力

在竞争激烈的职场环境中，道德决策能力成为衡量个体职业竞争力的重要指标。一个具备高度道德决策能力的个体，在职业竞争中将展现出更高的道德素质和职业素养，从而获得更多的职业机会和资源。

首先，道德决策能力强的个体在团队中更容易获得他人的信任和支持，从而增强团队凝聚力和合作效率。这种凝聚力将转化为团队的核心竞争力，为个体在职业竞争中赢得优势。其次，道德决策能力强的个体在与客户合作时，能够基于诚信和公平的原则进行商业交易，赢得客户的信任和支持。这种信任将转化为长期的商业合作关系，为个体在职业竞争中创造更多的价值。

（四）道德决策引领职业发展方向

道德决策不仅影响个体的职业声誉、成长和竞争力，还引领着职业发展的方向。随着社会的进步和发展，人们对于职业道德和职业责任的要求越来越高。一个具备高度道德决策能力的个体，能够敏锐地捕捉到这一趋势，及时调整自己的职业发展方向，以适应社会的需求和变化。

具体而言，道德决策能力强的个体将更加注重职业的社会价值和长远影响，关注可持续发展和环境保护等议题。这种关注将引导个体选择具有社会责任感的职业领域，为社会的可持续发展做出贡献。同时，道德决策能力强的个体还将更加注重自我提升和成长，不断学习和掌握新的知识和技能，以适应不断变化的职业环境。

综上所述，道德决策与职业发展之间存在着密不可分的关系。通过提高道德决策能力，个体不仅可以塑造良好的职业声誉、促进职业成长、增强职业竞争力，还可以引领职业发展的方向，为社会的可持续发展做出贡献。因此，我们应该注重培养和提高个体的道德决策能力，以推动个人和社会的共同发展。

第四节　职业道德的培育与提升

一、企业层面：制定并推广职业道德规范

在企业经营管理中，制定并推广职业道德规范是培育和提升职业道德的重要手段。下面将从四个方面详细分析这一过程的必要性及其具体实施策略。

（一）明确职业道德规范的重要性

制定职业道德规范的首要前提是明确其重要性。职业道德规范不仅是企业文化的重要组成部分，更是企业持续健康发展的基石。它有助于员工树立正确的职业观念，规范职业行为，增强职业责任感和使命感。同时，职业道德规范还能够提高企业形象，增强企业的社会公信力，为企业赢得更多的社会支持和认可。

在企业层面，领导层需要高度重视职业道德规范的制定和推广。他们应该以身作则，树立良好的职业道德榜样，引领员工自觉遵守职业道德规范。此外，企业还需要加强宣传教育，让员工充分认识到职业道德规范的重要性，从而自觉践行。

（二）制定符合企业实际的职业道德规范

制定符合企业实际的职业道德规范是确保规范有效实施的关键。企业应根据自身的行业特点、经营模式和企业文化等因素，制定具有针对性的职业道德规范。这些规范应明确员工的职业行为准则、职业责任和义务，以及违反规范的后果和处罚措施。

在制定职业道德规范时，企业应广泛征求员工的意见和建议，确保规范内容贴近员工实际，易于理解和接受。同时，企业还应关注行业发展趋势和法律法规的变化，及时调整和完善职业道德规范，以适应外部环境的变化。

（三）加强职业道德规范的宣传和培训

宣传和培训是提高员工对职业道德规范认识程度的关键环节。企业应通过多种渠道和形式，如内部网站、宣传栏、培训会等，向员工普及职业道德

规范的内容和要求。同时，企业还应加大培训力度，组织员工参加职业道德规范的学习和讨论活动，帮助他们深入理解规范的内涵和精神实质。

在宣传和培训过程中，企业应注重实效性。通过案例分析、角色扮演等方式，让员工深刻认识到违反职业道德规范的严重后果和危害，从而增强他们的自律意识和道德观念。此外，企业还应建立激励机制，对遵守职业道德规范的员工给予表彰和奖励，以激发他们的积极性和创造性。

（四）建立健全职业道德规范的监督和执行机制

监督和执行是确保职业道德规范得以有效落实的关键环节。企业应建立健全监督和执行机制，对员工的职业行为进行监督和检查，确保他们遵守职业道德规范。同时，企业还应建立举报和投诉制度，鼓励员工积极举报违反职业道德规范的行为，并对举报人给予保护和奖励。

在监督和执行过程中，企业应注重公正性和严肃性。对违反职业道德规范的行为，企业应依据规定进行严肃处理，以维护规范的权威性和有效性。同时，企业还应加强内部沟通和协作，确保监督和执行工作能够顺利进行。

综上所述，企业制定并推广职业道德规范是培育和提升职业道德的重要手段。通过明确规范的重要性、制定符合企业实际的规范、加强宣传和培训以及建立健全监督和执行机制等措施的实施，可以有效地提升员工的职业道德素质，为企业的持续健康发展提供有力保障。

二、教育层面：加强职业道德教育与实践

在职业道德的培育与提升过程中，教育层面的作用举足轻重。下面将从四个方面详细分析如何加强职业道德教育与实践，以提高从业者的职业道德素养。

（一）构建完善的职业道德教育体系

要提高职业道德教育水平，首先需要构建一个完善的职业道德教育体系。这个体系应包括明确的教育目标、丰富的教育内容、多样的教育方法和科学的评价机制。教育目标应聚焦于培养具备高尚职业道德的从业者，注重其道德认知、道德情感和道德行为的全面发展。教育内容应涵盖职业道德的基本

原则、规范以及具体行业的道德要求，使从业者明确自己的职业责任与义务。教育方法应灵活多样，结合案例教学、角色扮演、小组讨论等互动形式，提高从业者的学习兴趣和参与度。评价机制则应注重过程与结果的结合，科学评估从业者的职业道德水平，为后续教育提供指导。

（二）强化职业道德理论与实践的结合

职业道德教育不能仅停留在理论层面，更应注重与实践的结合。通过组织从业者参与实际工作场景中的道德决策与行为，让他们亲身体验职业道德的重要性，并学会如何在实践中运用道德原则解决问题。此外，可以邀请具有丰富实践经验的行业专家举办讲座或辅导，分享他们在职业生涯中遇到的道德挑战及应对策略，为从业者提供宝贵的经验借鉴。

（三）注重职业道德教育的连续性

职业道德教育不是一蹴而就的，而是一个持续不断的过程。因此，应注重职业道德教育的连续性，确保从业者在职业生涯的各个阶段都能接受到相应的道德教育。这包括在入职前进行基础的道德教育，帮助从业者树立正确的职业观念；在职业生涯中定期开展道德培训，提高从业者的道德敏感度和决策能力，以及在遇到具体道德问题时，提供及时的指导和支持，帮助从业者妥善处理道德挑战。

（四）营造良好的职业道德氛围

除了正式的教育和培训外，营造一个良好的职业道德氛围也至关重要。这包括在企业文化中强调道德价值观的重要性，鼓励从业者自觉遵守职业道德规范，并对违反道德行为的行为进行严肃处理。同时，可以设立道德榜样或优秀职业道德奖等激励机制，表彰那些在实践中表现出色的从业者，以此激发整个团队的道德意识和责任感。

综上所述，加强职业道德教育与实践是提高从业者职业道德素养的重要途径。通过构建完善的职业道德教育体系、强化理论与实践的结合、注重教育的连续性以及营造良好的职业道德氛围等措施的实施，可以有效地提升从业者的道德认知和行为水平，为行业的健康发展提供有力保障。

三、个人层面：提升自我道德修养与意识

在职业道德的培育与提升过程中，个人层面的自我道德修养与意识至关重要。下面将从四个方面详细分析如何提升个人在职业道德方面的自我修养与意识。

（一）深化对职业道德的认识

首先，个人需要深化对职业道德的认识。职业道德不仅仅是行业规范或公司制度的要求，更是个人职业素养和人格魅力的体现。个人应认识到职业道德对于维护职业声誉、促进个人职业发展以及维护社会公共利益的重要性。通过深入学习和理解职业道德的内涵、原则和规范，个人能够形成对职业道德的深刻认知，从而更加自觉地遵循职业道德准则。

（二）树立正确的职业价值观

个人的职业价值观对于其职业道德行为具有决定性的影响。因此，个人应树立正确的职业价值观，明确自己的职业目标和职业追求。职业价值观应强调诚信、公正、责任、尊重等核心道德原则，以指导个人在职业生涯中的决策和行为。通过不断反思和调整自己的职业价值观，个人能够更加清晰地认识到自己的职业责任和使命，从而更好地履行职业道德义务。

（三）加强自我反思与自我监督

在职业道德的实践中，个人需要加强自我反思与自我监督。通过定期回顾自己的职业行为，检查是否符合职业道德规范，个人能够及时发现自己的不足和错误，并采取相应的措施进行纠正。同时，个人还可以通过接受他人的反馈和建议，不断完善自己的职业道德行为。在自我监督的过程中，个人应坚持原则、不徇私情，勇于面对和纠正自己的错误，不断提高自己的道德素质和职业形象。

（四）积极参与职业道德实践活动

职业道德的培育与提升离不开实践活动的支持。个人应积极参与职业道德实践活动，如参加行业组织的道德培训、参与职业道德规范的制定和宣传、

担任道德监督员等。通过实践活动，个人能够更加深入地了解职业道德的实际情况和需求，掌握更加有效的职业道德实践方法。同时，实践活动还能够让个人在实践中不断锻炼和提高自己的道德判断能力和决策能力，从而更好地应对职业生涯中的各种道德挑战。

在提升自我道德修养与意识的过程中，个人还需要注意以下几点：

1. 保持持续学习的心态：职业道德是一个不断发展的领域，个人需要保持持续学习的心态，不断跟进新的道德观念和规范，以提升自己的道德素质和职业竞争力。

2. 注重个人品德的修养：职业道德与个人品德密切相关，个人应注重培养自己的良好品德，如诚实、守信、宽容、谦虚等，以树立良好的职业形象。

3. 勇于承担社会责任：作为从业者，个人应勇于承担社会责任，关注社会公共利益，积极参与社会公益活动，为社会做出自己的贡献。

综上所述，提升自我道德修养与意识是个人在职业道德培育与提升过程中的重要任务。通过深化对职业道德的认识、树立正确的职业价值观、加强自我反思与自我监督以及积极参与职业道德实践活动等措施的实施，个人能够不断提升自己的道德素质和职业形象，为行业的健康发展贡献自己的力量。

四、社会层面：营造良好的道德风尚与舆论环境

在职业道德的培育与提升过程中，社会层面的作用不可忽视。一个健康、积极、向上的社会道德风尚和舆论环境，对于促进职业道德的普遍提升具有深远的影响。下面将从四个方面详细分析如何营造良好道德风尚与舆论环境。

（一）加强道德宣传与教育

道德宣传与教育是提高社会道德风尚的基础。通过各类媒体、文化活动、社区教育等途径，广泛传播社会主义核心价值观，弘扬中华民族传统美德，引导人们树立正确的道德观念。同时，加强职业道德规范的宣传，提高公众对职业道德重要性的认识，形成全社会共同关注职业道德的良好氛围。

在道德宣传与教育过程中，应注重内容的丰富性和形式的多样性。例如，通过拍摄职业道德主题宣传片、举办职业道德演讲比赛、开展职业道德知识竞赛等活动，让公众在参与中感受职业道德的魅力，增强道德教育的吸引力

和感染力。此外，还应针对不同群体制定差异化的道德宣传与教育策略，确保道德教育的针对性和实效性。

（二）建立健全道德激励机制

建立健全道德激励机制是营造良好道德风尚的关键。通过表彰和奖励在职业道德方面表现突出的个人和集体，树立道德榜样，激发全社会的道德自觉和道德动力。同时，完善道德荣誉体系，提高道德模范的社会地位和影响力，让更多的人愿意投身道德建设事业。

在道德激励机制的建设过程中，应注重公平、公正、公开的原则。确保道德荣誉的评选和表彰过程公开透明，接受社会监督，避免出现不公正的现象。此外，还应注重道德荣誉的持久性和传承性，让道德荣誉成为激励人们不断追求道德进步的重要力量。

（三）加强舆论监督与引导

舆论监督与引导是营造良好道德风尚的重要保障。媒体作为舆论监督的主体，应积极承担社会责任，关注职业道德热点问题，揭露和批评违反职业道德的行为，引导公众形成正确的道德判断。同时，媒体还应加强自律，坚守职业道德底线，树立良好的媒体形象。

在舆论监督与引导过程中，应注重信息的真实性和准确性。媒体在报道职业道德事件时，应深入调查、核实事实，避免误导公众。同时，媒体还应注重平衡报道，既要关注负面事件，也要关注正面典型，引导公众全面、客观地认识职业道德问题。

（四）推动社会诚信体系建设

社会诚信体系是营造良好道德风尚的重要支撑。通过加强社会信用制度建设，完善信用信息共享机制，提高社会整体信用水平，为职业道德的培育与提升奠定良好的社会基础。同时，加大对失信行为的惩戒力度，形成守信受益、失信惩戒的良好社会氛围。

在推动社会诚信体系建设过程中，应注重政府、企业、个人等多元主体的共同参与。政府应发挥主导作用，加强政策引导和支持；企业应积极参与信用体系建设，提高自身信用水平；个人应树立诚信意识，自觉履行信用承诺。通过多元主体的共同努力，推动社会诚信体系建设不断取得新进展。

第五节　道德观念与职业发展的长远影响

一、道德观念对个人职业声誉的影响

在职业发展的道路上，道德观念对个人职业声誉的影响深远而持久。下面将从三个方面详细分析道德观念与个人职业声誉之间的关系。

（一）道德观念与职业声誉的关系

道德观念是个体在社会生活中形成的关于善恶、是非、正义等道德问题的基本看法和态度。职业声誉则是社会公众对从业者在其职业领域内行为表现的评价和认可。道德观念与职业声誉之间存在着密切的联系，个体的道德观念会直接影响其在职业行为中的决策和表现，进而影响其职业声誉的塑造。

一方面，个体的道德观念决定了其对职业行为的道德判断和价值选择。一个具备高尚道德观念的从业者，会自觉遵守职业道德规范，以诚信、公正、责任等原则指导自己的行为，从而赢得公众的信任和尊重，形成良好的职业声誉。另一方面，职业声誉也会反过来影响个体的道德观念。良好的职业声誉可以激励从业者继续坚守道德底线，保持高尚的道德品质；而不良的职业声誉则可能使从业者产生道德困惑和迷茫，甚至放弃道德原则，陷入道德沦丧的境地。

（二）良好的道德观念对职业声誉的提升作用

良好的道德观念对职业声誉的提升具有积极作用。首先，它有助于从业者树立正确的职业价值观，明确自己的职业责任和使命，从而在工作中表现出高度的敬业精神和责任心。这种精神会赢得公众的尊重和信任，为从业者树立良好的职业形象。其次，良好的道德观念还能促进从业者与同事、客户、合作伙伴之间的良好关系。一个具备高尚道德品质的从业者，会尊重他人、关心他人、帮助他人，形成良好的人际关系网络，为职业发展提供有力支持。最后，良好的道德观念还能帮助从业者在面对困难和挑战时保持坚定的信念和勇气，不断追求进步和卓越，从而在职业生涯中取得更高的成就和声誉。

(三) 道德失范对职业声誉的损害

道德失范对职业声誉的损害是显而易见的。当从业者违背职业道德规范，表现出不诚实、不公正、不负责任等行为时，其职业声誉将受到严重损害。首先，这些行为会破坏公众对从业者的信任和尊重，使其失去客户的支持和合作伙伴的信任。其次，这些行为还会引发社会舆论的谴责和批评，使从业者在行业内外的声誉受到严重损害。最后，道德失范还可能导致从业者面临法律制裁和行政处罚等严重后果，进一步加剧其职业声誉的损害。

因此，从业者应时刻牢记职业道德规范，坚守道德底线，不断提升自己的道德素质和职业声誉。同时，社会也应加强对职业道德的监督和引导，营造良好的道德风尚和舆论环境，为从业者提供有力的道德支持和保障。

二、道德观念对职业机会的拓展

在竞争激烈的职场环境中，道德观念对于个体职业机会的拓展具有不可忽视的作用。下面将从道德观念在职场中的认可度、具备高尚道德观念个体在职业机会获取上的优势以及道德观念在职业晋升中的作用三个方面进行详细分析。

(一) 道德观念在职场中的认可度

随着社会的进步和企业文化的不断成熟，道德观念在职场中的认可度越来越高。越来越多的企业开始重视员工的道德品质，将其视为选拔和任用人才的重要标准之一。在招聘过程中，企业往往会通过面试、背景调查等方式了解应聘者的道德观念和行为表现，以确保其能够融入企业文化并为企业创造价值。因此，一个具备高尚道德观念的个体在求职过程中更容易获得企业的青睐和认可。

道德观念在职场中的认可度还体现在团队合作中。一个具备高尚道德品质的团队成员，能够赢得同事的尊重和信任，形成良好的工作氛围和团队精神。在面对困难和挑战时，他们更能够保持积极的心态和团结的协作精神，共同为企业的发展贡献力量。这种团队氛围的营造，不仅有利于员工的个人成长，也有助于企业的长期发展。

（二）具备高尚道德观念的个体在职业机会获取上的优势

具备高尚道德观念的个体在职业机会获取上具有明显的优势。首先，他们更容易获得他人的信任和尊重，从而在人际交往中建立起广泛的人脉资源。这些人脉资源可以为他们提供更多的职业机会和信息，帮助他们更好地了解行业动态和市场需求。其次，他们往往能够展现出更强的责任感和敬业精神，在工作中表现出更高的专业素养和执行力。这种表现不仅能够赢得上司和同事的认可和支持，也能够为企业创造更多的价值，从而获得更多的职业机会。最后，他们通常具备较强的学习能力和适应能力，能够不断学习和掌握新知识、新技能，以应对职场中的挑战和变化。这种能力使他们更具竞争力，在职业机会获取上更具优势。

（三）道德观念在职业晋升中的作用

道德观念在职业晋升中同样发挥着重要作用。首先，一个具备高尚道德品质的员工更容易获得上级的认可和信任。他们不仅在工作中表现出色，更能够在处理复杂问题时坚守道德底线，维护企业的利益和声誉。这种表现会让上级看到他们的潜力和价值，从而为他们提供更多的晋升机会。其次，道德观念也是企业文化的重要组成部分。一个具备高尚道德观念的员工能够更好地融入企业文化并传承企业的价值观。这种文化认同和传承对于企业的长期发展至关重要，也是员工晋升的重要考量因素之一。最后，道德观念还能够促进员工的自我提升和成长。一个注重道德修养的员工会不断反思自己的行为表现并寻求改进和提升。这种自我提升和成长不仅能够让他们在工作中表现得更加出色，还能够为他们赢得更多的职业机会和晋升空间。

三、道德观念对职业满意度的影响

在职业发展的道路上，个体的道德观念不仅影响着其职业声誉和机会的拓展，还深刻影响着职业满意度。下面将从道德观念与职业满意度的关系、符合个人道德观念的工作环境对职业满意度的提升以及道德冲突对职业满意度的负面影响三个方面进行详细分析。

（一）道德观念与职业满意度的关系

道德观念与职业满意度之间存在着密切的联系。个体的道德观念是其价值观的重要组成部分，影响着其对工作的认知、态度和行为。当个体的道德观念与其职业活动相契合时，他们更容易在工作中找到满足感和成就感，从而提高职业满意度。

首先，道德观念为个体提供了职业行为的准则和标准。当个体在工作中遵循自己的道德观念时，他们会更加明确自己的职业目标和责任，从而更加努力地投入到工作中。这种投入和努力会带来工作成果和认可，进而提高职业满意度。

其次，道德观念还影响着个体对工作的情感体验。当个体认为自己的工作符合自己的道德观念时，他们会更加珍惜和热爱自己的工作，从而体验到更多的快乐和满足。相反，如果工作与个人道德观念相悖，个体可能会感到内心矛盾和不安，导致职业满意度降低。

（二）符合个人道德观念的工作环境对职业满意度的提升

一个符合个人道德观念的工作环境对职业满意度的提升具有积极作用。在这样的环境中，个体能够自由地表达自己的观点和想法，遵循自己的道德准则和价值观。这种自由和尊重会让个体感到被理解和认同，从而提高职业满意度。

首先，符合个人道德观念的工作环境能够激发个体的工作热情和创造力。在这样的环境中，个体能够自由地探索和尝试新的方法和思路，不断地挑战自我和超越自我。这种挑战和超越会带来更多的成就感和满足感，从而提高职业满意度。

其次，符合个人道德观念的工作环境还能够增强个体的归属感和忠诚度。在这样的环境中，个体能够感受到自己与企业的紧密联系和共同使命。这种联系和使命会让个体更加珍惜自己的工作机会和职业发展前景，从而更加努力地为企业创造价值。

（三）道德冲突对职业满意度的负面影响

道德冲突是指个体在职业活动中面临的两难选择或矛盾情境，即个体的道德观念与其职业行为或企业要求之间存在冲突。这种冲突会对个体的职业满意度产生负面影响。

首先，道德冲突会让个体感到内心矛盾和不安。当个体面临道德冲突时，他们需要在自己的道德观念和企业要求之间做出选择。这种选择往往伴随着内心的挣扎和不安，导致个体无法全身心地投入到工作中。

其次，道德冲突还会影响个体与同事和上级之间的关系。当个体因为道德冲突而拒绝执行某项任务或与企业要求相悖时，他们可能会受到同事和上级的质疑和批评。这种质疑和批评会让个体感到被孤立和排斥，进一步降低职业满意度。

最后，道德冲突还可能导致个体对工作的负面评价和抵触情绪。当个体认为自己的工作与自己的道德观念相悖时，他们可能会对工作产生负面评价并产生抵触情绪。这种情绪会让个体对工作的热情和投入降低，从而导致职业满意度的下降。

四、道德观念与职业可持续发展的关系

在个人的职业生涯中，道德观念不仅影响着职业声誉、机会拓展和满意度，还对职业的可持续发展起着至关重要的作用。下面将从道德观念在职业转型中的指导作用、在应对职业挑战中的支撑作用以及在职业生涯规划中的长期价值三个方面进行详细分析。

（一）道德观念在职业转型中的指导作用

随着职业市场的不断变化和个人职业发展的需求，职业转型成为许多职场人士面临的重要选择。在这一过程中，道德观念起着关键的指导作用。

首先，道德观念为个体提供了清晰的职业转型方向。在做出职业转型决策时，个体会根据自己的道德观念和价值观对不同的职业进行评估和选择。他们会考虑这个职业是否符合自己的道德准则、是否能够实现自己的职业目标和理想等因素。因此，道德观念能够帮助个体明确自己的职业转型方向，避免盲目跟风和随波逐流。

其次，道德观念能够增强个体在职业转型中的自信心和勇气。在面临职业转型的决策时，个体往往会感到焦虑、迷茫和不安。但是，如果他们坚

信自己的道德观念和价值观是正确的，并且相信自己能够在这个新的职业领域取得成功，那么他们就会更加坚定地做出决策，并充满信心地迎接新的挑战。

最后，道德观念还能够为个体在职业转型中提供精神支持和动力。在职业转型的过程中，个体可能会遇到各种困难和挫折。但是，如果他们能够坚守自己的道德观念和价值观，并将其作为自己的精神支柱和动力源泉，那么他们就会更加坚定地面对困难、克服挫折，并最终实现自己的职业转型目标。

（二）道德观念在应对职业挑战中的支撑作用

在职业生涯中，个体不可避免地会遇到各种挑战和困难。这些挑战往往来自工作环境、人际关系、工作压力等方面。在这种情况下，道德观念能够为个体提供有力的支撑作用。

首先，道德观念能够增强个体的抗压能力和韧性。在面对职业挑战时，个体需要保持冷静、理智和坚定的态度。如果他们能够坚守自己的道德观念和价值观，并将其作为自己的精神支柱和动力源泉，那么他们就会更加坚定地面对挑战、克服困难，并展现出更强的抗压能力和韧性。

其次，道德观念还能够为个体提供解决问题的新思路和方法。在应对职业挑战时，个体需要寻找新的解决方案和策略。如果他们能够从自己的道德观念和价值观出发，思考问题的本质和根源，并寻找符合道德原则的解决方案，那么他们就能够更加有效地解决问题，并提高自己的职业能力和素质。

最后，道德观念还能够增强个体的责任感和使命感。在面对职业挑战时，个体需要承担起自己的责任和使命。如果他们能够坚守自己的道德观念和价值观，并将其作为自己的行动指南和动力源泉，那么他们就会更加认真地对待自己的工作、更加努力地实现自己的目标，并为社会的发展和进步贡献自己的力量。

（三）道德观念在职业生涯规划中的长期价值

在职业生涯规划中，道德观念具有长期的价值。它不仅影响着个体的职业选择和决策，还影响着个体的职业发展和成长。

首先，道德观念能够为个体提供稳定的职业发展方向。在职业生涯规划中，个体需要明确自己的职业目标和方向。如果他们能够坚守自己的道德观念和价值观，并将其作为自己的职业发展方向的指引，那么他们就会更加坚定地追求自己的目标、更加努力地实现自己的梦想。

其次，道德观念还能够为个体提供持续的职业成长动力。在职业生涯中，个体需要不断地学习和成长。如果他们能够坚守自己的道德观念和价值观，并将其作为自己职业成长的动力源泉，那么他们就会更加积极地学习新知识、掌握新技能、拓展新领域，并不断地提升自己的职业能力和素质。

最后，道德观念还能够为个体赢得更多的职业机会和资源。在职业市场中，那些具备高尚道德品质的个体更容易获得他人的信任和尊重。他们能够获得更多的职业机会和资源，为自己的职业发展创造更多的条件和可能。因此，道德观念在职业生涯规划中具有长期的价值和意义。

第三章　职业素养中的责任意识

第一节　责任意识的定义与重要性

一、责任意识的定义

责任意识作为职业素养的重要组成部分，是指个体在特定社会角色或职务中，对于自身行为及其后果所持有的认知、态度和行动准备。它涵盖了个人对于社会、组织、他人以及自我所应承担的责任的自觉认识和积极担当。下面将从四个方面对责任意识的定义进行深入分析。

（一）自我责任意识的认知

自我责任意识是个体对自身行为及其后果的自觉认知。它要求个体在行动中始终明确自己的角色和定位，对自己的行为负责，并愿意承担由此产生的一切后果。自我责任意识的认知不仅体现了个体对自我价值的尊重，也反映了其对自身行为后果的预见和评估能力。在职业生涯中，自我责任意识能够促使个体保持高度的自律性和自我驱动力，为实现个人目标和组织目标而不懈努力。

（二）社会责任意识的体现

社会责任意识是个体对于社会所应承担的责任的自觉认识。它要求个体在追求个人利益的同时，始终关注社会公共利益，积极履行社会义务。社会责任意识不仅体现在个体的日常行为中，也体现在其对于社会问题的关注和思考中。在职业生涯中，社会责任意识能够促使个体将个人发展与社会发展相结合，积极贡献自己的力量，推动社会的进步和发展。

（三）组织责任意识的践行

组织责任意识是个体对于所在组织所应承担的责任的自觉认识。它要求个体在组织中始终保持高度的忠诚度和归属感，积极履行自己的职责和义务，为组织的发展贡献自己的力量。组织责任意识的践行不仅体现在个体的工作表现中，也体现在其对组织文化的认同和传承中。在职业生涯中，组织责任意识能够促使个体与组织形成紧密的合作关系，共同推动组织目标的实现。

（四）他人责任意识的关怀

他人责任意识是个体对于他人所应承担的责任的自觉认识。它要求个体在人际交往中始终保持尊重和关爱他人的态度，关注他人的需求和利益，积极为他人提供帮助和支持。他人责任意识的关怀不仅体现在个体的言行举止中，也体现在其对他人情感和利益的关注中。在职业生涯中，他人责任意识能够促使个体形成良好的人际关系和团队协作精神，共同应对职业挑战和困难。

综上所述，责任意识的定义涵盖了自我责任意识、社会责任意识、组织责任意识和他人责任意识四个方面。这四个方面相互关联、相互渗透，共同构成了个体职业素养中的责任意识体系。在职业生涯中，责任意识不仅是个体职业发展的基石，也是推动社会进步和发展的重要力量。

二、责任意识在职业素养中的核心地位

在职业素养的多元构成中，责任意识占据着核心地位。它不仅是职业行为的基石，也是职业成功的关键因素。下面将从四个方面分析责任意识在职业素养中的核心地位。

（一）责任意识是职业行为的基石

在任何职业领域，个体的行为都受到其责任意识的深刻影响。责任意识强的个体，在面对工作任务时，会自觉承担起自己的责任，尽心尽力地完成任务。他们深知自己的行为对组织、对他人、对社会的影响，因此会时刻保持高度的警觉性和自律性，确保自己的行为符合职业规范和道德标准。这种基于责任的行为模式，使得个体在职业生涯中能够建立起良好的职业声誉，赢得他人的信任和尊重。

在职业素养的培养中，强化责任意识是至关重要的。通过教育、培训和实践等多种方式，不断提升个体的责任意识，使其能够在职业行为中始终保持高度的自觉性和主动性。这不仅能够提高个体的职业素养水平，还能够推动整个职业领域的健康发展。

（二）责任意识是职业成功的关键因素

在竞争激烈的职场环境中，成功往往青睐那些具备强烈责任意识的个体。这些个体能够时刻保持对工作的热情和投入，积极应对各种挑战和困难。他们深知自己的职责所在，会不遗余力地追求工作的卓越和完美。这种对工作的热爱和追求，使得他们在职业生涯中能够不断取得新的成绩和突破。

同时，责任意识还能够增强个体的团队协作能力和领导力。在团队中，责任意识强的个体能够主动承担起自己的责任，积极与团队成员沟通协作，共同完成任务。他们还能够以身作则，为团队成员树立榜样，激发整个团队的积极性和创造力。这种团队协作和领导能力，对于推动组织的发展和进步具有重要意义。

（三）责任意识塑造良好的职业形象

在职业生涯中，个体的形象往往与其责任意识密切相关。责任意识强的个体，在职业行为中始终保持高度的自律性和道德标准，能够赢得他人的信任和尊重。他们能够在关键时刻挺身而出，为组织、为他人、为社会承担起自己的责任。这种高尚的职业品质，使得他们在职业领域树立起良好的形象，成为他人学习的榜样。

同时，责任意识还能够增强个体的职业认同感和归属感。当个体意识到自己在组织中的价值和使命时，会更加珍惜自己的工作机会和职业发展前景，从而更加努力地投入到工作中。这种对职业的热爱和投入，不仅能够提高个体的职业满意度和幸福感，还能够推动整个组织的繁荣和发展。

（四）责任意识推动社会进步与发展

在社会层面上，责任意识是推动社会进步与发展的重要力量。当个体具备强烈的责任意识时，他们会更加关注社会公共利益和他人利益，积极履行自己的社会义务和责任。这种对社会的关爱和贡献，不仅能够促进社会的和谐稳定，还能够推动社会的创新和进步。

同时，责任意识还能够激发个体的创造力和创新精神。当个体意识到自己的行为和决策对社会具有重要影响时，会更加注重创新和探索新的解决方案。这种对创新的追求和尝试，不仅能够推动个人职业生涯的发展，还能够为社会的进步和发展提供源源不断的动力。

三、责任意识对个人职业发展的重要性

在个人的职业发展过程中，责任意识扮演着举足轻重的角色。它不仅影响着个人的职业态度和行为，还直接关系到个人的职业成就和长远发展。下面将从四个方面详细分析责任意识对个人职业发展的重要性。

（一）责任意识塑造积极的职业态度

责任意识强的个体，在职业发展过程中往往能够展现出更加积极的职业态度。他们深知自己的职责所在，对工作任务充满热情，愿意投入时间和精力去追求卓越。这种积极的职业态度不仅使他们在工作中更加专注和投入，还能够在面对困难和挑战时保持坚韧不拔的毅力，从而取得更好的职业成果。

同时，积极的职业态度还能够增强个体的自信心和竞争力。当个体对自己的工作充满热情和信心时，会更加敢于尝试和接受挑战，勇于展示自己的能力和才华。这种自信心的提升，有助于个体在职业生涯中抓住更多的机遇，实现自身的价值。

（二）责任意识促进个人能力提升

责任意识对于个人能力的提升具有积极的推动作用。当个体意识到自己的责任所在时，会更加注重学习和提升自己的专业技能和知识水平。他们会主动寻求学习机会，积极参加培训和实践，不断提升自己的综合素质和竞争力。

此外，责任意识还能够促进个体的自我反思和改进。在工作中，个体难免会遇到问题和失误。但是，责任意识强的个体能够主动承担责任，从问题中吸取教训，反思自己的行为和决策，寻找改进和提升的方法。这种自我反思和改进的能力，有助于个体在职业生涯中不断进步和成长。

（三）责任意识助力职业发展机遇的把握

在职业发展过程中，机遇往往青睐那些具备强烈责任意识的个体。当个体展现出强烈的责任意识时，他们的能力和价值会得到更多的认可和肯定，从而吸引更多的职业发展机会。

此外，责任意识强的个体往往能够更好地应对职业挑战和困难。他们能够在关键时刻挺身而出，承担起自己的责任，为组织解决问题和创造价值。这种在关键时刻的表现，有助于个体在职业领域树立起良好的形象，赢得更多的信任和尊重，进而获得更多的职业发展机会。

（四）责任意识保障职业道路的长远发展

责任意识对于个人职业道路的长远发展具有重要意义。它不仅能够促使个体在职业生涯中保持高度的自律性和道德标准，还能够使个体在职业发展中保持正确的方向和目标。

当个体具备强烈的责任意识时，他们会更加注重自己的职业规划和长远发展。他们会根据自己的职业兴趣和目标，制订合理的职业规划，并为之付出努力和行动。这种对职业发展的长远规划和追求，有助于个体在职业生涯中取得更加稳定和可持续的发展。

同时，责任意识还能够使个体在职业发展中保持谦逊和学习的态度。他们深知自己的不足和需要改进的地方，会时刻保持对知识和技能的渴望和追求。这种不断学习和提升的态度，有助于个体在职业生涯中保持竞争力和适应性，应对不断变化的市场和职业环境。

综上所述，责任意识对个人职业发展的重要性不容忽视。它不仅能够塑造积极的职业态度、促进个人能力提升、助力职业发展机遇的把握，还能够保障职业道路的长远发展。因此，在职业生涯中，我们应该注重培养和提升自己的责任意识，使之成为推动个人职业发展的重要力量。

四、责任意识对企业和社会的影响

在企业运营和社会发展中，责任意识具有深远的影响。它不仅关乎企业的声誉和竞争力，也关乎社会的和谐与进步。下面将从四个方面详细分析责任意识对企业和社会的影响。

（一）责任意识塑造企业良好形象

在激烈的市场竞争中，企业的形象是其重要的无形资产。而责任意识正是塑造企业良好形象的关键因素。一家具备强烈责任意识的企业，会时刻关注自身的行为对社会、对员工、对消费者的影响，积极履行社会责任，维护消费者的权益。这种以责任为核心的企业文化，能够赢得消费者的信任和尊重，为企业树立良好的品牌形象。

同时，责任意识还能够促进企业内部的凝聚力和向心力。当企业领导者和员工都具备强烈的责任意识时，他们会共同为企业的目标和愿景而努力，形成一股强大的合力。这种内部凝聚力不仅有助于提高企业的运营效率，还能够增强企业的抵御风险能力，使企业在复杂多变的市场环境中立于不败之地。

（二）责任意识提升企业竞争力

在全球化背景下，企业之间的竞争日益激烈。而责任意识正是提升企业竞争力的重要武器。具备强烈责任意识的企业，会更加注重产品质量和服务水平的提升，以满足消费者的需求。这种以消费者为中心的经营理念，能够使企业在市场上获得更多的竞争优势。

同时，责任意识还能够促进企业的创新和发展。当企业意识到自己的责任所在时，会更加注重技术研发和产品创新，以提供更加优质、高效、环保的产品和服务。这种创新精神不仅能够提升企业的核心竞争力，还能够推动整个行业的进步和发展。

（三）责任意识促进社会和谐稳定

社会和谐稳定是人民幸福安康的重要保障。而责任意识正是促进社会和谐稳定的重要力量。当企业和社会成员都具备强烈的责任意识时，他们会更加关注社会公共利益和他人利益，积极履行自己的社会责任和义务。这种以责任为核心的社会氛围，能够减少社会矛盾和冲突，促进社会和谐稳定。

同时，责任意识还能够激发社会成员的创造力和创新精神。当个体意识到自己的责任所在时，会更加注重自我提升和成长，积极追求知识和技能的进步。这种创新精神和创造力不仅能够推动个人和企业的发展，还能够为社会的进步和发展提供源源不断的动力。

（四）责任意识推动社会可持续发展

在全球化、信息化时代，可持续发展已成为全球共识。而责任意识正是推动社会可持续发展的关键力量。当企业和社会成员都具备强烈的责任意识时，他们会更加注重环境保护、资源节约和生态平衡等方面的问题，积极履行自己的环保责任和义务。这种以责任为核心的环保理念，能够减少环境污染和资源浪费，保护地球家园的生态环境。

同时，责任意识还能够推动社会经济的可持续发展。当企业意识到自己的社会责任时，会更加注重经济效益和社会效益的平衡发展，注重长期利益和可持续发展。这种经济可持续发展模式不仅能够提高企业的竞争力和生命力，还能够为社会经济的持续繁荣和稳定提供有力支撑。

第二节　责任意识在职业实践中的应用

一、工作中的责任承担与履行

在职业实践中，责任意识的体现首先在于个体对于工作中责任的承担与履行。这不仅关乎个人的职业素养，也直接影响到团队和组织的整体效能。下面将从四个方面详细分析工作中的责任承担与履行。

（一）明确职责范围，主动承担责任

在职业实践中，个体首先需要明确自己的职责范围。通过仔细阅读职位说明书、与同事和上级沟通等方式，全面了解自己工作的具体内容、要求及目标。在此基础上，个体应主动承担起相应的责任，对于工作中的问题、挑战和失误，勇于面对，不推卸、不逃避。

明确的职责范围和主动的责任承担有助于个体在工作中形成清晰的自我定位，减少工作冲突和误解。同时，这种态度也能够激发个体的积极性和主动性，使个体投入到工作中，提升工作效率和质量。

（二）尽职尽责，追求卓越

在明确职责范围并主动承担责任的基础上，个体应尽职尽责地完成工作任务。这包括对工作内容的深入理解、对工作流程的熟练掌握、对工作结果的严格把控等方面。个体应时刻保持对工作的热情和专注，不断追求卓越，力求将工作做到最好。

尽职尽责和追求卓越是职业实践中的基本要求。这种态度不仅能够保证工作的顺利完成，还能够提升个体的职业技能和素养，为个人的职业发展奠定坚实的基础。同时，这种精神也能够激励团队成员共同追求卓越，推动组织不断进步。

（三）积极沟通协作，共同承担责任

在职业实践中，个体往往需要与同事、上级、下级等进行沟通协作，共同完成任务。在这个过程中，个体应积极沟通、主动协作，共同承担责任。当遇到问题时，个体应主动与团队成员沟通协商，共同寻找解决方案；当需要支持时，个体应主动寻求帮助，并愿意为团队提供支持和帮助。

积极沟通协作和共同承担责任有助于形成良好的团队氛围和合作关系。这种氛围能够增强团队成员之间的信任和凝聚力，提高团队的协作效率和创新能力。同时，这种精神也能够使个体在团队中扮演更加积极的角色，为团队的成功做出贡献。

（四）持续学习提升，增强责任意识

在职业实践中，个体应时刻保持学习的状态，不断提升自己的职业素养和综合能力。通过学习新知识、掌握新技能、了解新趋势等方式，个体能够更好地适应职业发展的需要，更好地履行自己的职责。

持续学习提升和增强责任意识是职业实践中不断进步的动力。通过不断学习和实践，个体能够不断完善自己的知识体系和能力结构，提高自己的职业素养和综合能力。同时，这种精神也能够使个体更加深刻地认识到自己的责任，更加自觉地履行自己的职责和义务。

总之，在职业实践中，责任意识的体现需要个体从明确职责范围、尽职尽责、积极沟通协作以及持续学习提升等方面入手。只有具备了强烈的责任意识，个体才能在工作中充分发挥自己的潜力和价值，为团队和组织的成功做出贡献。

二、决策中的责任考量与权衡

在职业实践中，决策是不可避免的一部分。每个决策都伴随着潜在的后果和责任。因此，在决策过程中进行责任考量与权衡至关重要。下面将从四个方面详细分析决策中的责任考量与权衡。

（一）全面评估决策后果，明确责任边界

在做出任何决策之前，首要的任务是对决策可能带来的后果进行全面评估。这包括考虑决策对直接利益相关者（如同事、客户、合作伙伴）的影响，以及对间接利益相关者（如社会、环境）的潜在影响。通过深入分析和预测，个体应明确了解决策可能带来的积极和消极后果，并据此确定责任边界。

明确责任边界有助于个体在决策过程中保持清醒的头脑，不被短期利益所迷惑。同时，它也能让个体在决策后能够承担起相应的责任，为可能出现的后果负责。这种责任感会促使个体在决策时更加谨慎和理性，减少冲动和盲目性。

（二）权衡利弊得失，追求最佳方案

在明确决策后果和责任边界后，个体需要权衡利弊得失，寻求最佳方案。这要求个体具备全面的信息搜集和分析能力，以及对不同方案的敏感度和判断力。通过对比不同方案的优缺点、风险和收益，个体应能够找到既符合组织利益又符合社会伦理的最佳方案。

在权衡利弊得失的过程中，个体需要充分考虑自身的职业道德和职业操守。他们应坚持诚信、公正、公平的原则，避免为了一己私利而损害组织或社会的利益。同时，个体还应具备长远的眼光和战略思维，不满足于眼前的得失，而是追求更长远、更广泛的利益。

（三）考虑利益相关者的需求，实现共赢

在决策过程中，个体还需要充分考虑利益相关者的需求。这包括直接利益相关者（如同事、客户、合作伙伴）的需求，也包括间接利益相关者（如社会、环境）的需求。通过深入了解和分析利益相关者的需求和期望，个体应能够在决策中平衡各方利益，实现共赢。

实现共赢是决策中的责任考量与权衡的重要目标。它要求个体在追求组织利益的同时，也要关注社会利益和环境保护。通过制订符合各方利益的决策方案，个体能够增强组织的凝聚力和向心力，提升组织的竞争力和可持续发展能力。同时，这种共赢的决策也能够为个体赢得更多的信任和尊重，促进个人职业生涯的发展。

（四）持续监控决策执行，及时调整优化

决策并不是一次性的行为，而是一个持续的过程。在决策执行过程中，个体需要持续监控决策的执行情况，并根据实际情况及时调整优化决策方案。这要求个体具备敏锐的洞察力和判断力，能够及时发现决策执行中的问题和困难，并采取相应的措施加以解决。

持续监控决策执行并及时调整优化是决策中的责任考量与权衡的重要体现。它要求个体在决策后保持高度的责任感和敬业精神，不断关注决策的执行情况和效果。通过及时调整优化决策方案，个体能够确保决策能够顺利实现预期目标，为组织和社会创造更大的价值。同时，这种持续的关注和调整也能够使个体在职业生涯中不断成长和进步。

三、错误与失误的负责态度

在职业实践中，错误与失误是难以避免的。然而，如何面对和处理这些错误与失误，却能够体现一个人的职业素养和负责态度。下面将从四个方面详细分析面对错误与失误时应有的负责态度。

（一）正视错误与失误，勇于承担责任

面对错误与失误时，首要的态度是正视问题，勇于承担责任。这意味着个体需要客观地认识到自己的错误与失误，不逃避、不推卸责任。个体应该清楚地意识到，错误与失误是职业生涯中不可或缺的一部分，它们既是成长的催化剂，也是自我提升的机会。

勇于承担责任意味着个体要敢于面对错误与失误所带来的后果，包括可能的批评、惩罚和损失。这种态度能够体现个体的成熟和担当，赢得他人的信任和尊重。同时，勇于承担责任还能够促使个体从错误中汲取教训，避免重复犯错，实现自我成长和进步。

（二）深入分析原因，查找问题根源

在正视错误与失误后，个体需要深入分析问题的原因，查找问题根源。这要求个体具备批判性思维和系统分析能力，能够从多个角度审视问题，挖掘出导致错误与失误的根本原因。

深入分析原因有助于个体更好地理解问题本质，避免简单地将问题归咎于外部因素或偶然事件。同时，查找问题根源还能够为个体提供改进的方向和依据，使个体能够有针对性地采取措施，防止类似问题再次发生。

（三）积极采取补救措施，挽回损失

在找到问题根源后，个体需要积极采取补救措施，挽回可能造成的损失。这包括向受影响的利益相关者道歉、赔偿损失、调整决策或改进工作流程等。个体应该根据具体情况制订切实可行的补救方案，并尽快付诸实施。

积极采取补救措施体现了个体对错误与失误的重视程度和对受影响方的关怀。这种态度能够赢得受影响方的谅解和支持，为个体挽回声誉和信任。同时，积极补救还能够减少损失，为个体和组织创造更多的价值。

（四）反思与总结，提升自我

在错误与失误得到妥善处理后，个体需要进行反思与总结，提升自我。这要求个体从错误中汲取教训，总结经验教训，形成对问题的深刻认识和独特见解。同时，个体还需要将反思与总结的成果转化为实际行动，不断提升自己的职业素养和能力水平。

反思与总结有助于个体更好地认识自己，发现自己的不足和缺陷，并寻找改进的方向和途径。通过反思与总结，个体能够不断完善自己的知识体系和能力结构，提高自己的职业竞争力和适应能力。同时，反思与总结还能够使个体更加谦虚谨慎、更加敬业负责，在职业生涯中取得更好的成绩和发展。

总之，面对错误与失误时，个体应该具备正视问题、勇于承担责任、深入分析原因、积极采取补救措施以及反思与总结的负责态度。这种态度不仅能够帮助个体妥善处理错误与失误带来的后果和影响，还能够促进个体的自我成长和进步。

四、持续学习与改进的责任心

在职业实践中，持续学习与改进不仅是个人成长的关键，也是展现个人责任心的体现。一个具有责任心的人，会不断地寻求自我提升，通过持续学习和改进，不断提高自己的能力和效率，以更好地应对工作中的挑战。下面将从四个方面详细分析持续学习与改进的责任心。

（一）认识到持续学习的重要性

一个具有持续学习与改进责任心的人，首先会深刻认识到持续学习的重要性。他们明白，随着社会和科技的快速发展，知识更新的速度越来越快，只有不断学习，才能跟上时代的步伐，不被淘汰。因此，他们会将学习视为一种生活方式，一种对自己负责、对职业负责的态度。

同时，他们也会认识到学习不仅是为了获取知识，更是为了提升自己的能力和素质。通过学习，他们可以更好地理解工作中的问题和挑战，找到更有效的解决方案。这种认识会促使他们更加积极地投入到学习中去，不断追求自我提升。

（二）制订明确的学习计划和目标

具有持续学习与改进责任心的人，会制订明确的学习计划和目标。他们会根据自己的职业发展和工作需要，制订长期和短期的学习计划，明确自己需要学习的内容、时间和方式。同时，他们也会设定具体的学习目标，以便更好地衡量自己的学习成果和进步。

制订明确的学习计划和目标有助于个体更加有目的地进行学习，避免盲目性和随意性。同时，它也能够使个体更加自律和坚持，确保学习计划得以顺利实施。在实现学习目标的过程中，个体会不断获得成就感和自信心，进一步激发其学习动力。

（三）不断尝试新的学习方法和途径

在持续学习的过程中，具有责任心的人会不断尝试新的学习方法和途径。他们知道，每个人的学习方式和习惯都是不同的，只有找到适合自己的学习方法，才能更好地吸收知识、提升能力。因此，他们会积极探索各种学习方法和途径，如阅读书籍、参加培训课程、参与在线学习等。

通过不断尝试新的学习方法和途径,个体可以更加高效地获取知识、提升能力。同时,这种探索精神也能够使个体保持对学习的热情和兴趣,避免产生厌倦和疲惫感。在不断学习和探索的过程中,个体会逐渐形成自己的学习风格和特色,为职业发展打下坚实基础。

(四) 将学习成果应用于实际工作中

具有持续学习与改进责任心的人,会将学习成果应用于实际工作中。他们知道,学习的目的是解决实际问题、提升工作效率。因此,在学习过程中,他们会注重将所学知识与实践相结合,通过实践来检验和巩固学习成果。

将学习成果应用于实际工作中有助于个体更好地理解和掌握知识,提高其在工作中的应用能力和解决问题的能力。同时,这种实践精神也能够使个体在工作中更加得心应手、游刃有余。通过不断将学习成果应用于实际工作中,个体可以不断积累经验和技能,为职业发展提供有力支持。

总之,持续学习与改进的责任心是职业实践中不可或缺的一部分。一个具有这种责任心的人,会不断追求自我提升、勇于面对挑战、积极承担责任。他们通过不断学习和改进,不断提高自己的能力和素质,为职业发展注入源源不断的动力。

第三节 责任与职业成功的关联

一、责任感与职业信誉的建立

在职业领域,责任感是构建个人职业信誉的基石。一个具有强烈责任感的个体不仅能够赢得同事、上司和客户的尊重,还能够为自己赢得更多的机会和资源,从而实现职业成功。下面将从四个方面分析责任感与职业信誉建立的关联。

(一) 责任感塑造诚信形象

诚信是职业信誉的核心要素之一。一个具有责任感的个体,在职业实践中会始终坚守诚信原则,言行一致,不轻易承诺,但一旦承诺就会全力以赴去实现。这种诚信的态度能够让他人对其产生信任和依赖，进而建立起良好的职业信誉。在竞争激烈的职场环境中，诚信的形象能够使个体在职业生涯中保持优势，获得更多的发展机会。

（二）责任感提升工作效率

具有责任感的个体在工作中会更加专注和投入，他们会认真对待每一个任务，努力追求高质量的工作成果。这种态度能够提升工作效率，减少错误和失误的发生，从而为组织创造更多的价值。高效的工作表现会让个体在职业领域脱颖而出，赢得更多的赞誉和认可，进而建立起良好的职业信誉。

（三）责任感促进团队合作

团队合作是现代职业环境中不可或缺的一部分。一个具有责任感的个体，在团队中会积极承担责任，关心团队成员的需求和利益，努力为团队的成功做出贡献。这种态度能够促进团队成员之间的信任和协作，增强团队的凝聚力和向心力。在团队合作中，个体能够学习到更多的知识和技能，提升自己的综合素质和能力水平，为职业成功打下坚实的基础。

（四）责任感塑造良好口碑

在职业领域，口碑是评价一个人职业信誉的重要指标之一。一个具有责任感的个体，在工作中会始终坚守职业道德和职业操守，尊重他人、关心社会、关注环境。他们的行为举止会赢得他人的尊重和认可，从而建立起良好的口碑。良好的口碑能够让个体在职业领域获得更多的支持和帮助，为自己的职业发展开辟更广阔的道路。同时，它也能够为组织带来更多的资源和机会，促进组织的持续发展和繁荣。

总之，责任感与职业信誉的建立密切相关。一个具有强烈责任感的个体，在职业实践中会始终坚守诚信原则、提升工作效率、促进团队合作、塑造良好口碑，从而建立起良好的职业信誉。这种信誉能够为个体赢得更多的信任和支持，为其职业发展提供有力保障。因此，在职业生涯中，我们应该注重培养自己的责任感，不断提升自己的职业信誉，为实现职业成功奠定坚实基础。

二、责任履行与职业机会的获取

在职业发展中，责任履行不仅是对工作的尊重和承诺，更是获取职业机会的关键因素。一个能够认真履行责任的个体，不仅能够得到同事和上级的认可，还能为自己创造更多的发展机会。下面将从四个方面分析责任履行与职业机会获取的关联。

（一）责任履行塑造专业形象

在职业领域，专业形象是获取职业机会的重要因素之一。一个能够认真履行责任的个体，在工作中会展现出高度的专业素养和敬业精神。他们会认真对待每一个工作任务，从细节上追求完美，这种对工作的专注和投入能够让他们赢得同事和上级的尊重和信任。这种专业形象不仅有助于个体在现有职位上表现出色，还能够为其未来的职业发展打下坚实基础，吸引更多的职业机会。

（二）责任履行展现能力价值

责任履行不仅仅是完成任务，更是展现个体能力价值的过程。一个能够履行责任的个体，会在工作中不断挑战自己，突破自己的极限，提升自己的能力和技能。通过履行责任，个体能够展现自己的专业能力、解决问题的能力以及团队协作能力等多方面的能力价值。这些能力价值的展现，不仅有助于个体在现有职位上获得更高的评价，还能够为其赢得更多的职业机会，比如晋升、调岗、参与重要项目等。

（三）责任履行建立信任关系

信任是职业关系中的重要基石。一个能够认真履行责任的个体，会赢得同事、上级和客户的信任。这种信任关系的建立，不仅有助于个体在工作中得到更多的支持和帮助，还能够为其创造更多的职业机会。当同事、上级或客户对个体产生信任时，他们会更愿意将重要的任务或项目交给个体来完成，从而为个体提供更多的发展机会。同时，信任关系的建立还能够让个体在职业领域积累更多的人脉资源，为未来的职业发展铺平道路。

（四）责任履行激发潜能与机会

责任履行不仅是对工作的承诺和尊重，更是激发个体潜能和创造机会的过程。一个能够认真履行责任的个体，会在工作中不断挑战自己、超越自己，从而激发自己的潜能。这种潜能的激发不仅能够让个体在现有职位上表现出色，还能够为其创造更多的职业机会。当个体在工作中展现出卓越的能力和潜力时，他们会更容易受到上级的关注和重视，从而得到更多的晋升机会和发展空间。此外，责任履行还能够让个体在职业领域积累更多的经验和知识，为未来的职业发展打下坚实的基础。

总之，责任履行与职业机会的获取密切相关。一个能够认真履行责任的个体，不仅能够塑造专业形象、展现能力价值、建立信任关系，还能够激发自己的潜能和创造更多的职业机会。因此，在职业生涯中，我们应该注重培养自己的责任感，认真履行自己的职责和义务，不断提升自己的能力和素质，为获取更多的职业机会打下坚实的基础。

三、责任担当与职业晋升的关联

在职业生涯中，责任担当是职业晋升的关键因素之一。一个能够主动承担责任、勇于担当的个体，不仅能够在工作中表现出色，还能够为组织创造更多的价值，从而赢得更多的晋升机会。下面将从四个方面分析责任担当与职业晋升的关联。

（一）责任担当展现领导能力

在职业晋升的过程中，领导能力是一个重要的考量因素。一个能够主动承担责任、勇于担当的个体，在团队中会展现出卓越的领导能力。他们会主动承担团队中的重任，协调团队成员之间的关系，推动团队向既定目标前进。这种领导能力的展现，不仅能够让个体在团队中树立威信，还能够为其赢得更多的晋升机会。因为组织在选拔领导者时，往往会优先考虑那些能够承担责任、具备领导能力的个体。

（二）责任担当促进问题解决

在工作中，问题的出现是不可避免的。一个能够主动承担责任、勇于担当的个体，在面对问题时，会积极寻求解决方案，而不是逃避或推诿。他们会深入分析问题的原因，制定有效的解决措施，并付诸实践。这种对问题的积极解决态度，不仅能够提升个体的工作效率和质量，还能够为组织减少损失和风险。在职业晋升的过程中，这种解决问题的能力也是组织非常看重的。一个能够解决问题的个体，往往更容易获得组织的青睐和信任，从而获得更多的晋升机会。

（三）责任担当塑造良好口碑

在职场中，口碑是一个非常重要的因素。一个能够主动承担责任、勇于担当的个体，在工作中会赢得同事、上级和客户的尊重和信任。他们会以诚信、敬业、负责的态度对待工作，赢得良好的口碑。这种口碑的积累，不仅能够让个体在职业领域获得更多的支持和帮助，还能够为其赢得更多的晋升机会。因为组织在选拔晋升人员时，往往会优先考虑那些具有良好口碑的个体。这些个体往往具备更强的责任感和使命感，能够为组织创造更多的价值。

（四）责任担当培养战略眼光

随着职业晋升的逐步深入，个体需要具备更高的战略眼光和全局意识。一个能够主动承担责任、勇于担当的个体，在工作中会不断学习和思考，提升自己的战略思维和全局观念。他们会关注组织的长远发展，思考如何为组织创造更多的价值。这种战略眼光的培养，不仅能够让个体在现有职位上表现出色，还能够为其未来的职业发展打下坚实的基础。在职业晋升的过程中，具备战略眼光的个体更容易被组织看重和提拔，因为他们能够为组织制订更具前瞻性和战略性的发展规划。

总之，责任担当与职业晋升的关联密切。一个能够主动承担责任、勇于担当的个体，在职业生涯中更容易展现出领导能力、问题解决能力、良好口碑和战略眼光等多方面的优势。这些优势不仅有助于个体在现有职位上表现出色，还能够为其赢得更多的晋升机会。因此，在职业生涯中，我们应该注重培养自己的责任担当精神，勇于面对挑战和困难，不断提升自己的能力和素质，为职业晋升打下坚实的基础。

四、长期责任与职业发展的可持续性

在职业发展的道路上，长期责任不仅是对个人职业生涯的承诺，更是确保职业发展可持续性的关键因素。一个能够持续承担长期责任的个体，能够在职业生涯中保持成长和进步，为未来的职业发展奠定坚实的基础。下面将从四个方面分析长期责任与职业发展的可持续性。

（一）长期责任塑造职业品牌

在竞争激烈的职场环境中，建立并维护一个独特的职业品牌对于个体的职业发展至关重要。长期责任是塑造职业品牌的核心要素之一。一个能够持续承担长期责任的个体，会在职业生涯中展现出稳定、可靠、值得信赖的特质，这些特质会为其赢得良好的口碑和声誉，进而形成独特的职业品牌。这种职业品牌能够为个体带来更多的职业机会和合作伙伴，为职业发展提供源源不断的动力。

（二）长期责任促进持续学习

职业发展是一个不断学习和成长的过程。一个能够持续承担长期责任的个体，会保持对学习的热情和动力，不断追求新的知识和技能。他们会关注行业趋势和变化，积极参与培训和交流活动，不断提升自己的专业素养和综合能力。这种持续学习的态度能够让个体在职业生涯中保持领先地位，适应不断变化的市场需求，为职业发展提供持续的动力。

（三）长期责任强化职业网络

在职业发展过程中，建立和维护一个广泛而有效的职业网络对于个体的成功至关重要。长期责任有助于个体在职业网络中建立信任和合作关系。一个能够持续承担长期责任的个体，会在工作中展现出高度的责任感和敬业精神，赢得同事、上级和客户的尊重和信任。这种信任关系的建立有助于个体在职业网络中积累更多的人脉资源，获取更多的信息和机会，为职业发展提供有力的支持。

（四）长期责任实现职业价值

职业发展的最终目的是实现个体的职业价值。长期责任是实现职业价值的重要途径之一。一个能够持续承担长期责任的个体，会在职业生涯中不断探索和追求自己的职业目标，努力实现自己的职业价值。他们会关注组织的长远发展和社会责任，积极参与公益活动和社会事务，提升自己的社会影响力和声誉。这种对职业价值的追求和实现，不仅能够让个体在职业生涯中获得更多的成就感和满足感，还能够为组织和社会创造更多的价值，实现个人与组织的共同发展。

总之，长期责任与职业发展的可持续性密切相关。一个能够持续承担长期责任的个体，能够在职业生涯中塑造独特的职业品牌、保持持续学习的态度、建立广泛的职业网络并实现自己的职业价值。这些优势不仅能够让个体在职业发展中保持领先地位和竞争力，还能够为组织和社会创造更多的价值，实现个人与组织的共同发展。因此，在职业生涯中，我们应该注重培养自己的长期责任感，勇于承担更多的责任和挑战，为职业发展的可持续性奠定坚实的基础。

第四节　培养责任感的方法与策略

一、家庭教育中的责任培养

（一）以身作则，树立榜样

在家庭中，父母是孩子的第一任老师，也是孩子最直接的模仿对象。因此，要培养孩子的责任感，父母首先要以身作则，为孩子树立榜样。父母在日常生活中要表现出强烈的责任感，无论是对待工作、家庭还是社会，都要展现出尽职尽责的态度。例如，父母可以按时完成工作任务，不推卸责任；在家庭中，可以积极参与家务劳动，分担家庭责任；在社会上，可以积极参与公益活动，为社会做出贡献。这样的行为举止可以让孩子在耳濡目染中学会承担责任，形成积极的责任感。

同时，父母还需要注意自己的言行举止对孩子的影响。在孩子面前，父母要避免抱怨、推卸责任等不良行为，以免给孩子留下负面印象。相反，父母应该多向孩子传递正能量，鼓励他们积极面对挑战和困难，培养他们的自信心和责任感。

（二）明确责任，分工合作

在家庭教育中，父母应该明确每个家庭成员的责任，让孩子知道自己应该承担哪些任务。例如，父母可以让孩子参与家务劳动，让他们学会照顾自己、照顾家人和照顾家庭环境。同时，父母还可以根据孩子的年龄和能力，让他们承担一些家庭决策的责任，如选择家庭旅游目的地、安排家庭活动等。这样的分工合作不仅可以让孩子感受到自己的价值和重要性，还可以让他们在实践中学会承担责任、学会合作。

在明确责任的过程中，父母还需要注意引导孩子理解责任的真正含义。责任不仅仅是一种义务和负担，更是一种成长和进步的机会。父母应该让孩子明白，只有承担责任，才能赢得他人的尊重和信任；只有承担责任，才能锻炼自己的能力和品质。

（三）适度放手，信任孩子

在培养孩子的责任感时，父母需要适度放手，信任孩子。父母应该给予孩子一定的自主权和决策权，让他们有机会独立面对问题和挑战。例如，父母可以让孩子自己安排学习时间、选择兴趣爱好等。这样的做法可以让孩子感受到自己的独立性和自主性，从而激发他们的责任感和主动性。

当然，适度放手并不意味着放任自流。父母需要在孩子需要时给予指导和支持，帮助他们解决问题和克服困难。同时，父母还需要关注孩子的情感需求和心理变化，给予他们足够的关爱和支持。这样的做法可以让孩子感受到家庭的温暖和安全感，从而更好地培养他们的责任感。

（四）及时肯定，鼓励成长

在家庭教育中，父母应该及时肯定孩子的努力和进步，鼓励他们不断成长。当孩子表现出责任感时，父母应该给予积极的反馈和奖励，让他们感受到自己的价值和成就感。这样的做法可以激发孩子的积极性和自信心，促进他们更好地承担责任。

同时，父母还需要注意鼓励孩子面对挑战和困难。当孩子遇到问题时，父母不要急于代替他们解决问题，而是要引导他们独立思考、寻找解决方案。这样的做法可以让孩子学会承担责任、学会面对困难，从而更好地培养他们的责任感。

二、学校教育中的责任教育

（一）课堂教育中的责任渗透

学校教育是塑造学生性格、培养学生责任感的重要场所。在课堂教育中，教师可以通过各种教学手段渗透责任教育。例如，在历史课上，教师可以通过讲述历史人物承担社会责任的事迹，引导学生认识到个人在社会中应承担的责任。在道德课上，教师可以通过讨论道德问题，让学生了解道德责任的重要性。同时，教师还可以结合课程内容，设计相关的教学活动，让学生在实践中体会责任感。通过这些课堂教育，学生可以逐渐认识到自己在社会中应承担的责任，从而培养他们的责任感。

此外，教师还可以通过课堂管理来培养学生的责任感。例如，教师可以制定明确的课堂规则，要求学生按时完成作业、积极参与课堂讨论等。这些要求不仅可以帮助学生养成良好的学习习惯，还可以让他们明白遵守规则、尽职尽责的重要性。

（二）校园文化中的责任熏陶

校园文化是学校精神风貌的集中体现，也是培养学生责任感的重要途径。学校可以通过举办各种校园文化活动，如主题演讲、辩论赛、社会实践等，让学生在参与中体验责任感。在这些活动中，学生可以扮演不同的角色，承担不同的责任，从而深刻体会到责任感的重要性。

同时，学校还可以通过校园媒体、宣传栏等渠道，宣传责任感的重要性和意义，营造一种积极向上的校园文化氛围。这种氛围可以潜移默化地影响学生，让他们在日常生活中更加注重责任感的培养。

（三）实践活动中的责任担当

学校教育中的实践活动是培养学生责任感的重要载体。通过参与实践活动，学生可以将理论知识与实际相结合，更深刻地理解责任感的内涵。学校可以组织学生参加各种社会实践活动，如志愿者服务、环保活动等，让学生在实践中学会承担责任、履行义务。

在这些实践活动中，学生可以亲身体验到责任感对于个人和团队的重要性。他们需要按时完成任务、积极参与活动、与团队成员协作等，这些都是培养责任感的重要方面。通过这些实践活动，学生可以更加深入地理解责任感，从而更好地承担起自己的责任。

（四）评价体系中的责任考量

学校教育中的评价体系也是培养学生责任感的重要手段。学校可以将责任感纳入学生评价体系中，作为衡量学生综合素质的重要指标之一。例如，在评价学生的学习成绩时，可以考虑他们在学习过程中的态度、努力程度和责任感；在评价学生的社会实践活动时，可以关注他们在活动中的表现、贡献和责任感。

通过将责任感纳入评价体系，学校可以引导学生更加注重责任感的培养。学生为了获得更好的评价，会更加努力地履行自己的责任，从而形成良好的责任感。这种评价方式不仅可以激励学生积极承担责任，还可以促进他们的全面发展。

综上所述，学校教育中的责任教育是一个系统工程，需要课堂教育、校园文化、实践活动和评价体系等多个方面的共同努力。通过这些措施的实施，学校可以有效地培养学生的责任感，为他们的未来发展奠定坚实的基础。

三、企业培训中的责任塑造

（一）企业文化中的责任价值观构建

在企业培训中，责任塑造的首要任务是在企业文化中构建责任价值观。企业文化是企业精神的核心，它影响着员工的思维方式和行为模式。为了塑造员工的责任感，企业需要在文化中强调责任的重要性，让员工明白责任不仅是个人品质的体现，更是企业持续发展的基石。

首先，企业领导者应成为责任价值观的倡导者和践行者。他们通过自身的言行举止，向员工传递责任的重要性，并在决策和行动中体现责任精神。其次，企业可以通过内部宣传、培训等方式，让员工深入了解企业文化的内涵，特别是责任价值观的内容和意义。通过文化熏陶，员工可以逐渐认识到自己在企业中的责任，形成与企业共同发展的责任感和使命感。

（二）职业培训中的责任能力培养

企业培训中，职业能力的培养与责任塑造紧密相连。通过职业培训，员工可以掌握专业知识和技能，提高工作能力和效率。同时，企业也可以将责任能力的培养融入职业培训中，让员工在提升职业技能的同时，增强责任意识。

在职业培训中，企业可以设计一些与责任相关的课程和活动，如案例分析、角色扮演等。通过这些课程和活动，员工可以深入了解工作中可能遇到的责任问题，学习如何承担和解决这些问题。此外，企业还可以将责任能力的培养纳入绩效评估体系，通过激励和约束机制，引导员工积极承担责任。

（三）团队建设中的责任分工与合作

企业是一个团队，团队中的每个成员都需要承担一定的责任。因此，在团队建设中，企业也需要注重责任分工与合作的培养。通过明确的责任分工，员工可以清楚地知道自己的职责和任务，避免工作重叠和推诿现象的发生。同时，企业还需要鼓励员工之间的合作与协作，让他们学会在团队中共同承担责任、解决问题。

在团队建设中，企业可以通过组织一些团队活动、拓展训练等方式，增强员工的团队意识和合作精神。通过这些活动，员工可以学会如何在团队中发挥自己的优势、弥补不足，并学会如何与团队成员相互信任、相互支持。这样，当企业面临挑战和困难时，员工可以共同承担责任、应对挑战。

（四）激励机制中的责任导向

在企业培训中，激励机制对于塑造员工的责任感具有重要作用。通过合理的激励机制，企业可以引导员工积极承担责任、追求卓越。

首先，企业可以设立一些与责任相关的奖励制度，如"优秀员工奖""最佳团队奖"等。这些奖励制度可以激励员工在工作中积极承担责任、追求卓越表现。同时，企业还可以根据员工的表现，给予相应的晋升机会和薪酬待遇，让员工感受到承担责任的价值和回报。

其次，企业可以建立一种责任导向的绩效评估体系。在这个体系中，除了关注员工的工作成果外，还需要关注员工在承担责任、解决问题等方面的表现。通过这种评估方式，企业可以更加全面地了解员工的能力和素质，并为他们提供更加精准的培训和发展机会。

最后，企业还需要建立一种容错机制。在工作中，员工可能会因为各种原因犯错或失误。如果企业过于苛责或惩罚员工，就会让他们对承担责任产生恐惧和抵触心理。因此，企业需要建立一种容错机制，让员工在犯错或失误时能够得到理解和支持，并从中吸取教训、不断进步。这种机制可以让员工更加愿意承担责任、勇于面对挑战。

四、个人自我修养中的责任强化

（一）自我认知与责任意识的提升

在个人自我修养中，强化责任感的首要任务是提升自我认知与责任意识。个人需要深入了解自己的价值观、信仰和人生目标，从而明确自己在社会和个人生活中的责任。通过反思和自我评估，个人可以识别出自己的优势和不足，以及自己在不同角色和情境下应承担的责任。

提升责任意识需要个人意识到自己的行为和决策对他人、社会和环境的影响。个人应该认识到，每个人的行为都是相互关联的，自己的选择和行为会对他人产生直接或间接的影响。因此，个人需要时刻保持警觉，关注自己的行为是否符合道德和法律标准，是否能够对他人和社会负责。

为了提升自我认知与责任意识，个人可以参加一些心理咨询、自我成长课程或阅读相关书籍。这些活动可以帮助个人更深入地了解自己，发现自己的盲点，并学会如何更好地管理自己的情绪和行为。

（二）责任行为与习惯的培养

强化责任感需要个人培养责任行为和习惯。责任行为是指那些符合道德和法律标准、能够对他人和社会产生积极影响的行为。个人需要时刻关注自己的行为是否符合这些标准，并努力将其内化为自己的习惯。

为了培养责任行为和习惯，个人可以制订一些具体的计划和目标。例如，个人可以设定每天读一本书、每周参加一次志愿者活动或每月为家人做一次家务等目标。通过这些具体的行动，个人可以逐渐培养起自己的责任感，并将其融入到日常生活中。

此外，个人还需要学会如何面对挫折和失败。在追求目标的过程中，个人难免会遇到一些困难和挑战。如果个人能够积极地面对这些挫折和失败，并从中吸取教训、不断改进自己，那么他们的责任感也会得到进一步的强化。

（三）情感管理与责任担当

情感管理是个人自我修养中不可或缺的一部分，它与责任强化密切相关。个人需要学会如何管理自己的情绪，以便在面对挑战和困难时能够保持冷静、理智和负责任的态度。

为了培养情感管理能力，个人可以学习一些情绪调节技巧，如深呼吸、冥想、放松训练等。这些技巧可以帮助个人在紧张或焦虑的情况下保持冷静，从而更好地应对各种挑战和困难。

同时，个人还需要学会如何面对自己的负面情绪。当个人感到沮丧、愤怒或失望时，他们需要学会如何以负责任的方式表达自己的情感，而不是将情绪发泄到他人或事物上。通过积极的情感表达和沟通，个人可以更好地理解自己的情感需求，并找到解决问题的方法。

（四）持续学习与自我提升

持续学习与自我提升是个人自我修养中责任强化的重要途径。在快速变化的社会中，个人需要不断学习和更新知识、技能和价值观，以适应社会的发展和变化。

为了保持持续学习与自我提升的状态，个人可以制订一些学习计划和目标。他们可以利用业余时间参加各种课程、研讨会或在线学习平台，以拓宽自己的知识面和视野。同时，个人还可以关注行业动态和趋势，了解最新的技术和理念，以便更好地应对工作中的挑战和机遇。

在持续学习与自我提升的过程中，个人需要保持开放的心态和积极的学习态度。他们应该勇于尝试新的事物、接受新的观点和方法，并愿意与他人分享自己的知识和经验。通过不断学习和提升自己，个人可以更好地履行自己的责任和义务，为社会的发展和进步做出贡献。

第五节　责任意识的个人成长与社会意义

一、责任意识对个人成长的促进作用

（一）责任意识与自我认知的深化

责任意识对于个人成长的促进作用首先体现在深化自我认知上。当一个人具备了强烈的责任意识时，他会更加关注自己的言行举止对他人和社会的影响，从而不断反思和审视自己。这种自我审视的过程不仅有助于个人了解自己的优点和不足，还能促使个人思考自己的价值观、人生目标和行为准则。

随着责任意识的增强，个人会不断地调整和完善自己的行为和思维方式，使之更加符合社会规范和道德标准。这种自我调整和完善的过程实际上就是个人自我认知不断深化的过程。通过这个过程，个人可以更加清晰地认识自己，明确自己的方向和目标，为未来的成长和发展奠定坚实的基础。

（二）责任意识与自律能力的提升

责任意识对于个人成长的促进作用还体现在提升自律能力上。自律能力是指个人在行动和思想上的自我约束和自我管理能力。当一个人具备了强烈的责任意识时，他会更加自觉地遵守社会规范和道德标准，约束自己的行为和言论。

在日常生活和工作中，这种自律能力可以帮助个人抵制各种诱惑和干扰，保持清醒的头脑和坚定的信念。同时，自律能力还可以帮助个人养成良好的习惯和行为模式，提高工作效率和生活质量。这些良好的习惯和行为模式会进一步促进个人的成长和发展，使个人在职业和人生道路上更加稳健和成功。

（三）责任意识与决策能力的增强

责任意识对于个人成长的促进作用还体现在增强决策能力上。决策能力是指个人在面对复杂情境和问题时能够迅速、准确地做出判断和选择的能力。当一个人具备了强烈的责任意识时，他会更加慎重地考虑自己的决策对他人和社会的影响，从而更加谨慎地做出选择。

在决策过程中，个人会充分考虑各种因素，权衡利弊得失，寻求最佳方案。这种谨慎和理性的决策方式不仅可以避免盲目性和冲动性带来的风险和损失，还可以帮助个人在复杂多变的环境中保持清醒的头脑和灵活的应变能力。这些能力对于个人的成长和发展至关重要，可以帮助个人在职业和人生道路上更加稳健和成功。

（四）责任意识与人格魅力的提升

责任意识对于个人成长的促进作用还体现在提升人格魅力上。人格魅力是指个人在人际交往中所展现出的独特魅力和吸引力。当一个人具备了强烈的责任意识时，他会更加关注他人的需求和感受，愿意为他人付出和奉献。这种无私和奉献的精神会赢得他人的尊重和信任，增强个人的人格魅力。

同时，责任意识还可以帮助个人形成积极向上、乐观开朗的性格特点。这种性格特点可以让个人在人际交往中更加自信、从容和得体。这种自信、从容和得体的气质会进一步提升个人的人格魅力，使个人在社交场合中更加受欢迎和尊重。这种受欢迎和尊重的状态不仅可以让个人在职业和人生道路上更加顺利和成功，还可以带来更加充实和满足的生活体验。

二、责任意识对团队协作的积极影响

（一）增强团队凝聚力与向心力

在团队协作中，成员的责任意识对于整个团队的凝聚力与向心力有着至关重要的影响。当一个团队成员具备强烈的责任意识时，他会更加关注团队的整体目标和利益，愿意为团队的成功付出努力。这种积极的心态和行为会感染到其他成员，促使整个团队形成共同的目标和愿景。

在团队面临挑战和困难时，具备责任意识的成员会主动承担责任，积极寻找解决问题的方法，而不是将问题推给其他人或团队。这种积极的行动会激发其他成员的责任感和使命感，使整个团队更加团结和凝聚。同时，这种共同的努力和付出也会增强团队成员之间的信任和尊重，进一步巩固团队的凝聚力与向心力。

（二）提高团队协作效率与质量

责任意识对于团队协作的效率和质量也有着重要的影响。当团队成员都具备强烈的责任意识时，他们会更加关注自己的工作质量和效率，努力确保自己的工作成果符合团队的整体要求和标准。这种高标准的自我要求能够促使团队成员之间形成良好的协作关系，共同推动工作的进展。

在团队协作中，具备责任意识的成员会主动与其他成员沟通协作，分享信息和资源，共同解决问题。这种积极的沟通和协作可以减少工作中的误解和冲突，提高团队协作的效率和质量。同时，这种协作也能够促进团队成员之间的学习和成长，使团队整体的能力和水平得到提升。

（三）促进团队创新与发展

责任意识对于团队的创新与发展也有着积极的推动作用。当团队成员都具备强烈的责任意识时，他们会更加关注团队的创新和发展需求，愿意为团队的创新和发展付出努力。这种积极的心态和行为会激发团队成员的创造力和创新精神，推动团队不断向前发展。

在团队创新和发展过程中，具备责任意识的成员会积极提出自己的意见和建议，参与团队的决策和规划。这种积极的参与和贡献可以促进团队内部的交流和合作，推动团队形成更加开放和包容的创新氛围。同时，这种创新氛围也会吸引更多的优秀人才加入团队，为团队的持续创新和发展提供源源不断的动力。

（四）营造和谐融洽的团队氛围

责任意识对于营造和谐融洽的团队氛围也有着重要的影响。当团队成员都具备强烈的责任意识时，他们会更加关注彼此的感受和需求，愿意为团队的和谐融洽付出努力。这种积极的心态和行为可以减少团队内部的矛盾和冲突，促进团队成员之间的相互理解和支持。

在团队中，具备责任意识的成员会主动关心其他成员的生活和工作情况，提供帮助和支持。这种关怀和支持会增强团队成员之间的友谊和信任，促进团队内部的和谐与稳定。同时，这种和谐融洽的团队氛围也会使团队成员更加愿意为团队的成功和发展付出努力，形成更加紧密的合作关系。

三、责任意识对企业文化的塑造

(一) 责任意识与企业核心价值观的融合

企业文化是企业的灵魂，而企业的核心价值观则是企业文化的核心。责任意识作为一种积极向上的价值观，对于塑造企业文化具有不可忽视的作用。首先，将责任意识融入企业的核心价值观，可以确保企业在经营过程中始终坚守道德和法律的底线，注重社会责任的履行。这不仅能够提升企业的社会形象和声誉，还能够增强员工对企业的认同感和归属感。

当企业强调责任意识时，员工会自觉地将个人的职业行为与企业的发展目标紧密联系起来，从而更加积极地投入到工作中去。这种积极向上的工作氛围会进一步推动企业的发展和创新。同时，企业也可以通过各种渠道向外界传递自己的责任理念和价值观，吸引更多志同道合的合作伙伴和客户，共同推动社会的进步和发展。

(二) 责任意识与企业文化的传承与发展

企业文化的传承与发展是一个长期的过程，需要不断地进行培育、巩固和创新。在这个过程中，责任意识可以发挥重要的作用。首先，责任意识可以促进企业文化的传承。通过强调责任意识的重要性，企业可以激发员工对企业文化的认同感和自豪感，从而更加积极地参与到企业文化的传承中去。同时，企业也可以通过各种形式的活动和宣传来巩固和传承企业文化，使其深入人心。

其次，责任意识可以促进企业文化的创新。在市场竞争日益激烈的环境中，企业需要不断地进行创新和变革以保持竞争力。而责任意识作为一种积极向上的价值观，可以激发员工的创新思维和创造力，推动企业文化的创新和发展。例如，企业可以鼓励员工提出自己的意见和建议，参与到企业的决策和规划中去；同时，企业也可以加强与外部合作伙伴和客户的交流和合作，吸收他们的先进理念和经验，推动企业文化的不断创新和进步。

(三) 责任意识对企业文化氛围的营造

企业文化氛围是企业文化的重要组成部分，它影响着员工的工作态度和行为方式。当企业强调责任意识时，会营造出一种积极向上、认真负责的文化氛围。在这种氛围下，员工会更加关注自己的工作质量和效率，努力提高自己的工作能力和水平；同时，员工也会更加关注企业的整体利益和发展目标，积极参与企业的各项活动和工作。这种积极向上的文化氛围不仅可以提高员工的工作积极性和满意度，还可以增强企业的凝聚力和向心力。

此外，责任意识还可以促进员工之间的相互尊重和信任。在强调责任意识的企业中，员工会更加关注彼此的感受和需求，尊重彼此的工作成果和贡献。这种相互尊重和信任的氛围不仅可以增强员工之间的友谊和团结，还可以促进员工之间的合作和协作，提高整个团队的工作效率和质量。

（四）责任意识对企业社会责任的推动

企业作为社会的一员，应该承担起相应的社会责任。而责任意识正是推动企业履行社会责任的重要动力。当企业强调责任意识时，会更加关注自身的社会影响力和贡献度，积极履行社会责任。这不仅可以提升企业的社会形象和声誉，还可以增强员工对企业的认同感和自豪感。

同时，企业也可以通过各种方式来实现社会责任的履行。例如，企业可以积极参与公益事业和慈善活动，为社会做出贡献；企业也可以关注环境保护和资源节约等问题，推动可持续发展；此外，企业还可以加强与社会各界的交流和合作，共同推动社会的进步和发展。这些社会责任的履行不仅可以提升企业的社会价值和影响力，还可以为企业的长期发展奠定坚实的基础。

四、责任意识对社会责任的承担

（一）责任意识引领企业积极履行社会责任

在现代社会中，企业的成功不再仅仅取决于经济利润，更取决其对社会的贡献和责任担当。责任意识强的企业，会自觉地将社会责任纳入其经营战略中，不仅关注经济利益，更注重在环保、公益、员工福利等方面的投入。这种积极履行社会责任的行为，不仅能够提升企业的社会形象，还能够促进企业内部的凝聚力和员工的归属感。

例如，许多企业在发展过程中，积极投身公益事业，通过捐款、捐物、志愿服务等方式回馈社会。这些行为不仅体现了企业的社会责任，也激发了员工的社会责任感，形成了企业与社会之间的良性互动。同时，企业在环保方面的投入，如减少排放、节能降耗等，也是责任意识的具体体现，有助于推动社会的可持续发展。

（二）责任意识促使个人主动担当社会责任

不仅企业需要承担社会责任，个人作为社会的一员，同样需要具备责任意识，主动担当社会责任。责任意识强的个人，会自觉遵守社会规范，维护社会秩序，同时也会积极参与社会公益活动，为社会做出贡献。

这种个人对社会责任的主动担当，不仅体现了个人品德的高尚，也有助于形成良好的社会风气。例如，许多志愿者利用业余时间参与社区服务、环保活动、教育支援等公益事业，他们的行为正是责任意识的集中体现。这些志愿者的存在和行动，不仅帮助了需要帮助的人，也传递了正能量，激励更多的人主动承担社会责任。

（三）责任意识推动社会问题的关注和解决

责任意识还体现在对社会问题的关注和解决上。具备责任意识的企业和个人，会主动关注社会热点问题，如贫困、教育、环保等，并积极参与相关问题的解决。他们通过捐款捐物、提供志愿服务、发起公益活动等方式，为社会的进步贡献自己的力量。

同时，责任意识也推动企业和个人在日常生活和工作中，注重资源的合理利用和环境的保护，从自身做起，推动社会的可持续发展。这种对社会问题的关注和解决，不仅体现了企业和个人的社会责任感，也有助于推动社会的整体进步和发展。

（四）责任意识在社会危机中的体现与价值

在社会危机时刻，如自然灾害、公共卫生事件等，责任意识显得尤为重要。具备强烈责任意识的企业和个人，会迅速行动起来，为受灾地区提供力所能及的帮助。他们通过捐款捐物、提供志愿服务等方式，为受灾群众送去温暖和希望。

在这种关键时刻，责任意识不仅体现了企业和个人的社会担当，也展现了人类在面对困境时的团结和互助精神。这种精神是社会的宝贵财富，也是推动社会不断进步的重要力量。同时，在危机过后，责任意识强的企业和个人还会积极参与到灾后的重建工作中去，帮助受灾地区尽快恢复正常的生活和生产秩序。

第四章 职业素养中的沟通与协作

第一节 沟通在职业素养中的地位

一、沟通概述

沟通在职业素养中占据着重要的位置，它不仅是职业活动中的基础，更是推动工作顺利进行、促进团队协作和增强个人职业发展的关键。下面将从四个方面详细分析沟通在职业活动中的基础作用。

（一）沟通是信息传递的桥梁

在职场中，沟通是信息传递的主要桥梁。无论是日常工作交流、会议讨论，还是项目管理、团队协作，都离不开有效的沟通。通过沟通，员工可以了解公司的战略目标、部门的工作计划、同事的工作进展等关键信息，从而确保自己的工作与整体目标保持一致。同时，员工还可以将自己的想法、意见和建议传达给上级和同事，为公司的发展贡献自己的智慧。有效的沟通可以避免信息的误传和遗漏，确保信息的准确性和及时性，为工作的顺利进行提供有力保障。

（二）沟通有助于建立良好的人际关系

在职场中，人际关系对于个人的职业发展至关重要。而沟通是建立良好人际关系的基础。通过沟通，员工可以了解同事的性格、兴趣、价值观等信息，从而找到共同点，增进彼此的了解和信任。同时，沟通还可以帮助员工解决工作中的矛盾和冲突，化解误会和隔阂，促进团队的和谐与稳定。良好的人际关系不仅可以提高员工的工作效率和满意度，还可以为个人的职业发展创造更多的机会和空间。

（三）沟通有助于提升个人能力和素质

沟通是一种重要的学习能力。通过沟通，员工可以学习他人的优点和经验，了解不同的观点和思维方式，从而拓宽自己的视野和思路。同时，沟通还可以帮助员工发现自己的不足和短板，及时改进和提升。在沟通中，员工需要不断思考、表达、倾听和反馈，这些过程都可以锻炼和提升个人的思维能力和表达能力。此外，沟通还可以培养员工的耐心、细心和同理心等品质，提高个人的综合素质和职业素养。

（四）沟通有助于推动团队和组织的发展

在团队和组织中，沟通是推动工作顺利进行和实现共同目标的重要手段。通过沟通，团队成员可以明确自己的职责和任务，了解工作的整体进度和困难点，从而更好地协调配合，确保工作的顺利进行。同时，沟通还可以促进团队成员之间的交流和合作，激发团队的创造力和凝聚力，推动团队的整体发展。在组织层面，沟通有助于实现信息的共享和整合，优化资源的配置和利用，提高组织的执行力和竞争力。有效的沟通可以促进组织内部的协调和合作，推动组织的创新和变革，为组织的长期发展奠定坚实的基础。

综上所述，沟通在职业素养中具有重要的地位和作用。它不仅是职业活动中的基础，更是推动工作顺利进行、促进团队协作和增强个人职业发展的关键。因此，我们应该重视沟通能力的培养和提升，不断提高自己的沟通能力和水平，为个人的职业发展和组织的长期发展做出更大的贡献。

二、有效沟通对职业素养的提升

在职业发展中，有效沟通不仅是一项基本技能，更是提升职业素养的关键因素。下面将从四个方面详细分析有效沟通对职业素养的提升作用。

（一）提升工作效率与协作能力

有效沟通能够显著提升工作效率和团队协作能力。在工作中，员工需要通过沟通明确任务目标、分享信息、协调工作进度。有效的沟通能够确保信息的准确传递，减少误解和冲突，提高工作效率。同时，有效的沟通还能促进团队成员之间的理解和信任，加强协作能力，使团队能够更好地应对各种挑战和困难。通过不断沟通实践，员工能够更好地掌握沟通技巧，提升团队协作效率，从而在职场中脱颖而出。

（二）增强个人影响力与说服力

有效沟通能够增强个人的影响力和说服力。在职场中，个人影响力不仅取决于专业知识和技能，更取决于个人的沟通能力和表达能力。通过有效的沟通，员工能够清晰、准确地表达自己的观点和想法，使他人更容易理解和接受。同时，有效的沟通还能够使员工在交流中展现出自己的专业素养和人格魅力，从而增强个人的影响力和说服力。这种影响力不仅有助于员工在工作中取得更好的成绩，还能够为员工的职业发展带来更多的机会和资源。

（三）培养解决问题的能力与创新思维

有效沟通有助于培养解决问题的能力和创新思维。在沟通过程中，员工需要不断思考、分析、归纳和总结，这些过程能够锻炼员工的思维能力和解决问题的能力。同时，有效的沟通还能够激发员工的创新思维，鼓励员工从不同的角度思考问题，提出新的想法和解决方案。通过不断沟通实践，员工能够逐渐形成独立思考、勇于创新的习惯和能力，为职业发展注入新的活力。

（四）促进个人成长与职业发展

有效沟通是促进个人成长和职业发展的重要因素。在沟通中，员工需要不断学习、积累、反思和改进，这些过程能够使员工不断成长和进步。通过有效的沟通，员工能够了解他人的成功经验和失败教训，从中汲取经验和教训，避免重蹈覆辙。同时，有效的沟通还能够使员工更好地认识自己、发现自己的优势和不足，从而制订更加明确的职业规划和发展目标。在沟通中，员工还能够结识更多的同行和业界精英，拓展人脉资源、积累社会资本，为职业发展打下坚实的基础。

综上所述，有效沟通对职业素养的提升具有重要作用。它不仅能够提高工作效率和团队协作能力、增强个人影响力和说服力、培养解决问题的能力和创新思维，还能够促进个人成长和职业发展。因此，我们应该重视沟通能力的培养和提升，不断提高自己的沟通技巧和水平，为个人的职业发展和组织的长期发展做出更大的贡献。

三、沟通技能在职业发展中的重要性

在职业发展的道路上，沟通技能的重要性不言而喻。它不仅是职场中不可或缺的基本技能，更是影响个人职业成就和团队绩效的关键因素。下面将从四个方面详细分析沟通技能在职业发展中的重要性。

（一）塑造个人职业形象与品牌

沟通技能是塑造个人职业形象与品牌的关键。在职场中，个人形象与品牌对于职业发展的重要性不言而喻。一个具有良好沟通技能的人，能够清晰、准确地表达自己的想法和观点，使他人更容易理解和接受。同时，他们还能够通过有效的沟通，展现出自己的专业素养、人格魅力和价值观念，从而在职场中树立起良好的个人形象与品牌。这种形象与品牌不仅有助于提升个人的职业竞争力，还能够为个人职业发展带来更多的机会和资源。

具体来说，沟通技能在塑造个人职业形象与品牌中起到以下几个方面的作用：

1. 展现专业素养：良好的沟通技能能够确保信息准确传递，避免误解和歧义，从而展现出个人的专业素养和业务能力。

2. 塑造人格魅力：通过有效的沟通，个人能够展现出自己的自信、乐观、坚韧等优秀品质，塑造出独特的人格魅力。

3. 传递价值观念：在沟通中，个人能够传递自己的价值观念、人生理念等，使他人更加了解和认同自己。

（二）促进职业机会与资源的获取

沟通技能对于促进职业机会与资源的获取具有重要作用。在职场中，机会和资源往往不会主动降临到个人身上，而是需要通过有效的沟通去争取和获取。一个具有良好沟通技能的人，能够主动与同事、上司、客户等建立良好的关系，了解他们的需求和期望，从而为自己争取到更多的机会和资源。

具体来说，沟通技能在促进职业机会与资源获取中起到以下几个方面的作用：

1. 拓展人脉资源：通过有效的沟通，个人能够结识更多的同行和业界精英，拓展人脉资源，为职业发展提供更多的机会和可能性。

2. 了解行业信息：在沟通中，个人能够了解行业的最新动态、趋势和机会，从而制订更加明确的职业发展规划。

3. 争取项目机会：通过有效的沟通，个人能够向上级或客户展示自己的能力和价值，争取到更多的项目机会和业务资源。

（三）增强团队协作与领导能力

沟通技能对于团队协作和领导能力的提升具有关键作用。在团队中，有效的沟通能够确保信息的准确传递和共享，促进团队成员之间的理解和信任，从而增强团队协作和凝聚力。同时，一个具有良好沟通技能的领导者，能够通过有效的沟通激励团队成员、解决冲突、推动团队目标的实现。

具体来说，沟通技能在增强团队协作与领导能力中起到以下几个方面的作用：

1. 促进信息共享：有效的沟通能够确保团队成员之间的信息共享和传递，避免信息孤岛和误解。

2. 激发团队动力：通过积极的沟通，领导者能够激发团队成员的积极性和创造力，提高团队的整体绩效。

3. 解决冲突问题：在团队中，难免会出现意见分歧和冲突。通过有效的沟通，领导者能够化解矛盾、解决问题，维护团队的和谐与稳定。

（四）适应职场变化与挑战

沟通技能有助于个人适应职场的变化和挑战。随着职场环境的不断变化和发展，个人需要不断地调整自己的职业规划和应对策略。一个具有良好沟通技能的人，能够及时了解职场的变化和需求，与同事、上司、客户等保持良好的沟通关系，从而更好地适应职场的变化和挑战。

具体来说，沟通技能在适应职场变化与挑战中起到以下几个方面的作用：

1. 及时获取信息：通过有效的沟通，个人能够及时获取职场的最新动态和变化信息，为自己的职业发展做出及时调整。

2. 建立良好关系：在职场变化中，个人需要与不同的人建立良好的关系。通过有效的沟通，个人能够赢得他人的信任和支持，为职业发展创造更多机会。

3. 应对挑战与压力：面对职场中的挑战和压力，个人需要保持冷静和理智。通过有效的沟通，个人能够寻求他人的帮助和支持，共同应对挑战和压力。

四、沟通障碍对职业发展的负面影响

在职业发展过程中，沟通障碍常常是一个潜在的威胁，它不仅会影响工作效率和团队协作，还可能对个人职业形象和发展前景造成负面影响。下面将从四个方面详细分析沟通障碍对职业发展的负面影响。

（一）降低工作效率与团队协作

沟通障碍首先会导致工作效率的降低和团队协作的受阻。在职场中，信息的准确传递和共享是高效工作的基础。然而，当沟通出现障碍时，信息可能会丢失、误解或延误，导致工作进程受阻。团队成员之间因为沟通不畅，可能会产生误解和冲突，降低团队的凝聚力和协作效率。这不仅会影响项目的顺利完成，还可能对团队的士气产生负面影响。

具体来说，沟通障碍一般包括信息表达不清、传递不准确、反馈不及时等。这些问题可能导致团队成员之间的工作重叠或遗漏，增加工作量和时间成本。同时，缺乏有效的沟通还可能导致团队成员之间的不信任和疏远，影响团队的协作氛围和整体绩效。

（二）损害个人职业形象与声誉

沟通障碍还会对个人职业形象和声誉造成损害。在职场中，个人形象和声誉是职业发展的重要资本。然而，当个人在沟通中表现不佳时，可能会给他人留下不专业、不可靠的印象。这种负面印象可能会影响他人对个人能力和价值的评估，进而影响到个人的职业发展机会。

例如，一个无法清晰表达自己想法或无法有效倾听他人意见的员工，可能会被认为是缺乏专业素养或缺乏团队合作精神。这种负面印象可能会使他在职业竞争中处于不利地位，错失晋升机会或项目资源。

（三）阻碍职业机会与资源的获取

沟通障碍还会阻碍个人职业机会与资源的获取。在职场中，机会和资源往往需要通过有效的沟通去争取和获取。然而，当个人在沟通中遇到障碍时，可能会错失这些机会和资源。

例如，一个无法与上司或客户建立良好沟通关系的员工，可能会错过重要的项目机会或业务资源。这些机会和资源对于个人职业发展的重要性不言而喻，一旦错失，可能会对个人的职业前景产生负面影响。

（四）影响职业发展规划与实现

此外，沟通障碍还会影响个人职业发展规划的实现。在职业发展过程中，个人需要不断地调整自己的职业规划和目标，以适应职场的变化和挑战。然而，当个人在沟通中遇到障碍时，可能会对自己的职业规划和目标产生困惑和迷茫。

具体来说，沟通障碍可能使个人无法及时了解职场的最新动态和变化信息，导致自己的职业规划与实际需求脱节。同时，缺乏有效的沟通还可能使个人无法获得他人的建议和支持，从而难以制订出符合自己实际情况的职业发展规划。这种迷茫和困惑可能会影响个人的职业发展动力和信心，阻碍个人职业目标的实现。

综上所述，沟通障碍对职业发展的负面影响不容忽视。为了克服这些障碍，个人需要不断提升自己的沟通技能和能力，学会有效地表达自己的想法和观点，倾听他人的意见和建议，并积极寻求与他人的合作和共赢。只有这样，才能在职业发展的道路上走得更远、更稳。

第二节　有效的沟通技巧与策略

一、倾听技巧与策略

在有效的沟通中，倾听往往比发言更为重要。倾听不仅是接收信息的过程，更是理解他人、建立信任、促进合作的基础。下面将从四个方面分析倾听技巧与策略。

（一）积极倾听的态度

积极倾听的态度是有效倾听的前提。积极倾听意味着全神贯注地关注对方的讲话内容，避免打断、分心或急于表达自己的观点。积极倾听的态度能够向对方传递出尊重和重视的信息，让对方感到被理解和被接纳。这种态度有助于建立信任关系，为后续的沟通打下良好的基础。

为了培养积极倾听的态度，我们可以从以下几个方面入手：首先，调整自己的心态，保持开放和包容的心态，尊重他人的观点和想法；其次，通过眼神交流、点头示意等方式表达自己对对方的关注和理解；最后，避免在倾听过程中分心或做其他事情，保持专注和投入。

（二）理解并回应非言语信息

倾听不仅包括接收言语信息，还包括理解并回应非言语信息。非言语信息包括面部表情、肢体语言、声音语调等，它们往往能够传递出更为丰富的信息。通过理解并回应非言语信息，我们能够更好地理解对方的情感和态度，从而更准确地把握对方的真实意图。

为了理解并回应非言语信息，我们需要具备敏锐的观察力和感知力。通过观察对方的面部表情、肢体语言和声音语调等细节，我们可以感受到对方的情绪变化和态度转变。同时，我们还需要学会用言语或行为来回应对方的非言语信息，以表达我们的理解和支持。

（三）澄清与反馈

在倾听过程中，我们可能会遇到一些模糊或不确定的信息。为了避免误解和冲突，我们需要学会澄清和反馈。澄清是指通过提问或要求对方进一步解释来明确信息的内容和意义；反馈则是指用自己的话复述对方的信息，以确认自己是否准确理解了对方的意图。

通过澄清与反馈，我们可以确保信息的准确性和一致性，避免因为误解而导致的沟通障碍。同时，这种方式还能够让对方感受到我们的关注和尊重，增强沟通的效果和信任感。

（四）控制情绪，避免偏见

在倾听过程中，我们可能会遇到一些让我们感到不满或反感的观点或信息。在这种情况下，我们需要学会控制自己的情绪，避免因为情绪失控而影响到沟通的效果。同时，我们还需要避免偏见和先入为主的观念，保持客观和公正的态度来倾听对方的观点和想法。

为了控制情绪并避免偏见，我们可以采取一些具体的策略。例如，在沟通前做好情绪准备，保持冷静和理智；在倾听过程中保持客观和公正的态度，不要过早地做出判断或评价；当遇到让自己不满或反感的观点时，可以深呼吸、放松自己并尝试理解对方的立场和观点。

总之，倾听技巧与策略是有效沟通的重要组成部分。通过培养积极倾听的态度、理解并回应非言语信息、澄清与反馈以及控制情绪并避免偏见等技巧与策略，我们可以更好地理解和支持他人，建立更加信任和有效的沟通关系。

二、表达技巧与策略

有效的表达是沟通中的关键环节，它不仅涉及言语的准确运用，还包括如何以恰当的方式传递信息和情感。下面将从四个方面详细分析表达技巧与策略。

（一）清晰性与准确性

在沟通中，清晰准确的表达是至关重要的。为了确保信息的有效传递，表达者需要组织好语言，避免使用模糊或含糊不清的词汇。同时，句子结构应简洁明了，以便听众能够迅速理解信息的主旨。准确性还体现在对事实和数据的精确描述上，这要求表达者在传递信息前进行充分的准备和核实。

为了提高表达的清晰性和准确性，表达者可以事先列出要点，组织好语言逻辑，甚至进行模拟练习。在正式沟通时，应保持语速适中，给听众足够的时间来消化和理解信息。此外，利用图表、数据或实例来辅助说明，可以进一步增强表达的清晰性和说服力。

（二）情感管理与表达

情感是沟通中不可或缺的一部分，它能够为信息增添丰富的色彩和深度。然而，过度的情绪化表达可能会干扰信息的有效传递。因此，表达者需要学会管理自己的情绪，并在适当的时候以恰当的方式表达情感。

情感管理包括识别自己的情绪、调节情绪强度以及选择合适的情绪表达方式。在沟通中，表达者可以通过观察自己的生理反应、感受自己的情绪变化，并及时采取深呼吸、放松技巧等方法来调节情绪。在表达情感时，应尽量使用积极、建设性的语言，避免负面情绪的过度渲染。

（三）非言语沟通的运用

非言语沟通在信息传递中同样占据重要地位。身体语言、面部表情、眼神交流及声音的音调和节奏等，都是非言语沟通的重要组成部分。它们能够为言语信息提供补充和强化，有时甚至能够传递出比言语更为丰富的信息。

为了提高非言语沟通的效果，表达者需要注意自己的身体姿态和面部表情，保持自信、开放和友好的态度。同时，通过眼神交流与听众建立联系，传递出真诚和关注的信息。在讲话过程中，合理利用声音的抑扬顿挫和节奏变化，能够增强语言的感染力和吸引力。

（四）适应性与灵活性

有效的表达还需要具备适应性和灵活性。面对不同的听众和沟通环境，表达者需要调整自己的语言风格、信息组织和传递方式。例如，在正式场合中，表达应更为严谨和规范；而在日常交流中，则可以更加随意和亲切。

为了提高适应性和灵活性，表达者需要不断学习和实践，积累丰富的沟通经验。同时，保持开放的心态，愿意接受和尝试新的表达方式和方法。在遇到沟通障碍时，能够迅速调整策略，以确保信息的顺畅传递。

总之，有效的表达技巧与策略是沟通成功的关键。通过提高清晰性与准确性、加强情感管理与表达、合理运用非言语沟通以及增强适应性与灵活性等方面的努力，我们可以不断提升自己的表达能力，实现更为高效和顺畅的沟通。

三、反馈技巧与策略

在沟通中，反馈是一个至关重要的环节，它能够帮助我们确认信息是否已被准确接收，并促进双方对信息的共同理解。下面将从四个方面详细分析反馈技巧与策略。

（一）及时性与针对性

反馈的及时性和针对性是确保沟通效果的关键。及时性意味着在接收到信息后，能够迅速给予回应，避免信息的滞后或遗忘。针对性则要求反馈能够准确指向沟通的核心内容，避免偏离主题或模糊焦点。

在沟通中，为了提供及时且针对性的反馈，我们需要保持对信息的敏感度，并准备好随时给出回应。例如，在会议中，当有人提出一个观点或建议时，我们可以立即给予简短的肯定或提出相关的问题，以表达我们的理解和关注。同时，在反馈时，我们应尽量使用具体的例子或数据来支持我们的观点，以增强反馈的说服力。

（二）积极与建设性

积极与建设性的反馈能够激发对方的积极性，促进双方的合作与共赢。积极的反馈意味着对对方的努力和成果给予肯定和鼓励，而建设性的反馈则是在肯定的基础上，提出改进的意见和建议。

在给予反馈时，我们应尽量避免使用批评或指责的语言，而是采用积极和建设性的方式来表达我们的观点。例如，当对方提出一个方案时，我们可以先肯定其优点和亮点，然后提出一些具体的改进建议，以帮助对方进一步完善方案。这种反馈方式不仅能够让对方感受到我们的尊重和支持，还能够促进双方的合作和共同进步。

（三）清晰性与具体性

清晰性和具体性是有效反馈的重要标志。清晰性要求反馈信息表达清楚、无歧义，让对方能够明确我们的意思。具体性则要求反馈信息能够具体到细节上，避免笼统或模糊的表述。

在给予反馈时，我们应尽量使用简单明了的语言，避免使用复杂的术语或行话。同时，我们应尽量提供具体的例子或数据来支持我们的观点，让对方能够更加直观地了解我们的意思。例如，在评价一个项目时，我们可以具体指出项目的优点和不足之处，并提出具体的改进建议，以帮助对方更好地理解和应对。

（四）开放性与尊重性

开放性和尊重性是反馈过程中的重要原则。开放性意味着我们愿意倾听对方的意见和想法，尊重对方的观点和感受。尊重性则要求我们在反馈过程中保持礼貌和谦逊的态度，避免傲慢或偏见的语言。

在给予反馈时，我们应尽量保持开放的心态，愿意听取对方的解释和回应。同时，我们应尊重对方的观点和感受，避免使用贬低或攻击性的语言。在反馈过程中，我们可以采用"我"语句来表达自己的观点和感受，以减少对对方的直接指责或批评。例如，我们可以说"我觉得这个项目还有一些可以改进的地方"，而不是说"你这个项目做得太差了"。这种表达方式能够减少对方的抵触情绪，促进双方的友好沟通和合作。

总之，有效的反馈技巧与策略对于沟通的成功至关重要。通过保持及时性和针对性、积极与建设性、清晰性与具体性以及开放性与尊重性等原则，我们可以提高反馈的效果和质量，促进双方的合作与共赢。

四、非言语沟通技巧与策略

在沟通中，非言语沟通技巧与策略扮演着不可或缺的角色。它们能够增强信息的传递效果，帮助双方更好地理解彼此，从而建立更加紧密的联系。下面将从四个方面详细分析非言语沟通技巧与策略。

（一）身体语言与姿态

身体语言和姿态是非言语沟通中最直观、最容易被察觉的部分。它们能够传递出我们的情感、态度和自信程度。一个自信、开放的姿态可以传达出我们对沟通的积极态度，促进信息的有效传递。

在沟通中，我们应保持自然的站姿和坐姿，避免僵硬或紧张的姿势。同时，我们要注意肢体动作的协调性，避免过于夸张或随意的动作。此外，眼神交流也是身体语言中非常重要的一部分。通过直视对方的眼睛，我们可以表达出自己的真诚和关注，增强沟通的效果。

为了更好地运用身体语言和姿态，我们可以观察他人的沟通方式，学习他们的优点并尝试模仿。同时，我们也可以通过自我反思和练习来不断改进自己的非言语沟通技巧。

（二）面部表情与微笑

面部表情是情感传递的重要窗口，它能够快速、直观地反映出我们的情感状态。微笑作为最具亲和力的面部表情之一，能够在沟通中传递出友善、积极的信号，有助于建立良好的人际关系。

在沟通中，我们应保持自然的面部表情，避免过于严肃或冷漠。当需要表达友好和善意时，我们可以适当运用微笑来拉近与对方的距离。同时，我们也要学会控制自己的情绪，避免在沟通中流露出消极或愤怒的表情。

为了培养自然、真诚的面部表情和微笑，我们可以多观察他人的面部表情和微笑方式，学习他们的优点并尝试模仿。同时，我们也可以通过自我练习和反思来不断改进自己的面部表情和微笑技巧。

（三）声音与语调

声音和语调是非言语沟通中的另一个重要组成部分。它们能够传递出我们的情感状态和情绪变化，对沟通效果产生重要影响。一个温和、亲切的声音和语调能够增强信息的亲和力，使对方更容易接受我们的观点。

在沟通中，我们应保持声音的稳定和清晰，避免过于尖锐或低沉的语调。同时，我们也要根据沟通的内容和情境来调整自己的声音和语调，以表达出相应的情感状态和情绪变化。例如，在表达赞同和认可时，我们可以使用温和、亲切的声音和语调；而在表达不满和批评时，则可以适当提高声音和语调的强度和节奏。

为了培养自然、恰当的声音和语调，我们可以多听一些优秀的演讲或朗读作品，学习他们的声音和语调运用技巧。同时，我们也可以通过自我练习和反思来不断改进自己的声音和语调技巧。

（四）空间距离与接触

空间距离和接触也是非言语沟通中的重要因素。它们能够反映出我们与对方之间的亲密程度和关系状态。适当的空间距离和接触方式能够增强双方的亲密感和信任感，促进沟通的进行。

在沟通中，我们应根据与对方的关系和情境来调整空间距离和接触方式。例如，在熟悉的朋友之间可以保持较近的空间距离和适当的身体接触；而在工作场合或正式会议中则应保持一定的距离和避免过于亲密的接触。

为了掌握适当的空间距离和接触方式，我们可以观察不同文化和情境下的沟通方式，了解其中的规则和习惯。同时，我们也要尊重对方的个人空间和意愿，避免冒昧或侵犯对方的隐私。

第三节 协作精神与团队文化

一、协作精神在团队中的作用

在现代工作环境中，协作精神已成为衡量一个团队成功与否的关键因素。协作精神不仅能够提升团队的凝聚力和执行力，还能够促进团队成员之间的互相学习和成长。下面将从四个方面详细分析协作精神在团队中的作用。

（一）提升团队凝聚力

协作精神是团队凝聚力的基石。当团队成员都具备强烈的协作意愿时，他们会更加关注团队的整体利益，而不是个人利益。这种共同的价值观和目标感能够使团队成员紧密团结在一起，形成一个高效、有序的工作整体。在面临困难和挑战时，团队成员能够相互支持、共同应对，从而增强团队的凝聚力和战斗力。

例如，在一个软件开发团队中，如果每个成员都具备协作精神，那么他们就会更加关注项目的整体进度和质量，而不是仅仅关注自己的任务完成情况。他们会主动与其他成员沟通交流，共同解决问题，从而确保项目的顺利进行。这种协作精神能够大大提升团队的凝聚力，使团队成员更加紧密地团结在一起。

（二）增强团队执行力

协作精神能够增强团队的执行力。当团队成员都能够积极参与协作时，他们会更加明确自己的职责和任务，并更加积极地投入工作。这种高效的执行力能够使团队在面临挑战时迅速做出反应，抓住机遇，实现目标。

以市场营销团队为例，如果团队成员都具备协作精神，那么他们就会更加关注市场变化和客户需求，并积极与产品团队、销售团队等其他部门协作。他们会共同制定营销策略，协调资源，确保营销活动的高效执行。这种协作精神能够大大增强团队的执行力，使团队在市场竞争中更具优势。

（三）促进团队成员成长

协作精神能够促进团队成员的成长。在协作过程中，团队成员需要不断学习和提升自己的能力，以适应不断变化的工作环境和任务需求。同时，他们还需要与其他成员分享知识和经验，互相学习和借鉴。这种互相学习和成长的过程能够使团队成员不断提升自己的能力和素质。

例如，在一个项目团队中，如果团队成员都具备协作精神，那么他们就会更加愿意与其他成员分享自己的经验和知识。他们会在项目过程中不断学习和成长，并通过协作和交流不断提升自己的能力和素质。这种互相学习和成长的过程能够使团队成员更加优秀和成熟。

（四）增强团队创新能力

协作精神能够增强团队的创新能力。在协作过程中，团队成员需要不断思考和创新，以应对不断变化的市场需求和挑战。同时，他们还需要与其他成员进行思维碰撞和灵感交流，共同寻找新的解决方案和创意点。这种创新思维和创意碰撞能够使团队在竞争中保持领先地位。

以研发团队为例，如果团队成员都具备协作精神，那么他们就会更加关注新技术和新趋势的发展，并积极与其他成员进行思维碰撞和灵感交流。他们会共同探索新的技术方向和产品创新点，并通过协作实现这些创新点的落地和应用。这种创新思维和创意碰撞能够使团队在市场中保持领先地位并不断创新和发展。

二、团队文化的构建与维护

团队文化是团队凝聚力和执行力的源泉，对于团队的长期发展具有至关重要的作用。积极、健康、富有活力的团队文化能够激发团队成员的积极性和创造力，促进团队成员之间的和谐共处，提高团队的整体绩效。下面将从四个方面详细分析团队文化的构建与维护。

（一）明确团队目标与愿景

团队文化与团队目标和愿景紧密相连。一个明确、具体的团队目标和愿景能够为团队成员提供共同的方向和动力，使团队成员能够明确自己的职责和使命，并为之努力奋斗。在构建团队文化时，首先需要明确团队的目标和愿景，并将其贯穿于团队的日常工作中。通过不断地强调和宣传团队的目标和愿景，使团队成员对其产生强烈的认同感和归属感，从而增强团队的凝聚力和向心力。

例如，一个销售团队可以设定明确的销售目标和市场份额目标，并通过定期的业绩评估和奖励机制来激励团队成员努力达成目标。同时，团队可以定期举行分享会和交流活动，让团队成员分享自己的成功经验和教训，共同学习和成长。这种明确的目标和愿景不仅能够激发团队成员的斗志和动力，还能够促进团队成员之间的交流和合作，增强团队的凝聚力。

（二）营造积极的工作氛围

积极的工作氛围是团队文化的重要组成部分。一个积极、和谐、充满活力的工作氛围能够使团队成员更加愉快地工作，提高工作效率和质量。在构建团队文化时，需要注重营造积极的工作氛围，包括提供舒适的工作环境、鼓励团队成员之间的互动和交流、支持团队成员的个人成长和发展等。

例如，团队可以定期举行团建活动，如户外拓展、聚餐、运动比赛等，以增进团队成员之间的了解和友谊。同时，团队也可以设立休息区或图书角等，为团队成员提供一个放松和充电的空间。此外，团队还可以设立奖励机制，对表现优秀的团队成员进行表彰和奖励，以激发团队成员的工作积极性和创造力。

（三）建立有效的沟通机制

有效的沟通是团队文化构建和维护的关键。一个良好的沟通机制能够使团队成员之间及时交流信息、分享经验、解决问题，从而提高团队的工作效率和协作能力。在构建团队文化时，需要建立有效的沟通机制，包括定期的团队会议、个人汇报、工作交流等。

例如，团队可以设立每周或每月的例会制度，让团队成员汇报自己的工作进展和遇到的问题，并共同讨论解决方案。同时，团队也可以建立工作交流平台，如微信群、钉钉群等，方便团队成员随时随地进行工作交流和协作。这种有效的沟通机制能够使团队成员之间保持紧密的联系和协作，促进团队文化的构建和维护。

（四）培养团队成员的责任感和归属感

团队成员的责任感和归属感是团队文化的重要组成部分。一个具有责任感和归属感的团队成员会更加珍惜团队资源、关注团队发展、积极参与团队活动。在构建团队文化时，需要注重培养团队成员的责任感和归属感，通过让团队成员参与团队决策、承担重要任务、分享团队成果等方式来增强他们的责任感和归属感。

例如，团队可以鼓励成员积极参与团队决策和规划工作，让他们感受到自己在团队中的重要性和价值。同时，团队也可以设置一些具有挑战性的任务或项目，让团队成员共同协作完成，以激发他们的创造力和责任感。此外，团队还可以定期举行分享会和交流活动，让团队成员分享自己的经验和成果，并共同庆祝团队的成功和进步。这种培养团队成员责任感和归属感的方式能够使团队成员更加珍惜团队资源和机会，积极参与团队活动和发展。

三、协作中的冲突解决与共识达成

在团队协作过程中，冲突与分歧是难以避免的。然而，如何有效地解决冲突、达成共识，是确保团队和谐、高效运作的关键。下面将从四个方面详细分析协作中的冲突解决与共识达成。

（一）识别与理解冲突

在协作过程中，冲突往往源于不同的观点、利益或价值观。要有效解决冲突，首先需要识别和理解冲突的本质和来源。团队成员应具备敏锐的洞察力，能够及时发现冲突，并通过深入交流了解冲突背后的原因。

在识别冲突时，团队领导者应鼓励开放、坦诚的沟通氛围，让成员敢于表达自己的想法和感受。同时，团队成员也应积极倾听他人的观点，尊重彼此的差异。通过深入交流，团队成员可以更好地理解冲突的本质，为后续的解决奠定基础。

（二）制定冲突解决策略

在了解冲突的本质和来源后，团队成员需要共同制定冲突解决策略。不同的冲突需要不同的解决策略，如妥协、调解、协商等。团队成员应根据具体情况选择合适的解决策略，并明确各自的职责和角色。

在制定冲突解决策略时，团队成员应保持冷静和理智，避免情绪化的言辞和行为。同时，团队领导者应发挥引导和协调作用，确保各方能够积极参与、平等对话。通过共同制定策略，团队成员可以形成共识，为冲突的解决提供明确的方向和路径。

（三）实施与监控冲突解决过程

制定了冲突解决策略后，团队成员需要共同实施并监控解决过程。在实施过程中，团队成员应严格按照策略执行，确保各项措施得到有效落实。同时，团队成员应保持紧密的沟通和协作，及时发现问题并调整策略。

在监控过程中，团队领导者应关注冲突解决的进展和效果，及时给予指导和支持。同时，团队成员也应积极反馈实施过程中的问题和困难，共同寻求解决方案。通过共同实施和监控冲突解决过程，团队成员可以确保冲突得到有效解决，并避免类似问题再次发生。

（四）巩固共识与预防未来冲突

冲突解决后，团队成员需要巩固共识并预防未来冲突的发生。巩固共识可以通过回顾冲突解决过程、总结经验教训、明确团队目标等方式实现。通过巩固共识，团队成员可以更加深入地理解彼此的观点和需求，增强团队凝聚力和向心力。

预防未来冲突则需要从多个方面入手。首先，团队成员应尊重彼此的差异和观点，保持开放、包容的心态。其次，团队应建立健全的沟通机制和决策机制，确保信息畅通、决策公正。最后，团队还可以通过培训、学习等方式提升成员的专业素养和协作能力，增强团队的适应性和应变能力。

总之，协作中的冲突解决与共识达成是一个复杂而关键的过程。团队成员需要识别与理解冲突、制定冲突解决策略、实施与监控冲突解决过程以及巩固共识与预防未来冲突。通过共同努力和协作，团队成员可以克服冲突、达成共识，推动团队的和谐、高效运作。

四、个人在团队协作中的成长与发展

团队协作不仅是团队成功的关键，也是个人成长与发展的重要途径。在团队中，个人可以通过与他人的互动、合作与竞争，不断提升自身能力，实现个人价值。下面将从四个方面详细分析个人在团队协作中的成长与发展。

（一）技能提升与知识积累

在团队协作中，个人会面临各种任务和挑战，这些都需要不断学习和掌握新的技能和知识。通过与团队成员的交流和合作，个人可以学习到不同的思考方式、解决问题的策略和方法，从而提升自己的专业技能和综合素质。

同时，团队协作中的知识共享和学习氛围，也促使个人不断拓宽知识领域，积累更丰富的知识资源。个人可以通过参与团队讨论、分享会等活动，了解行业前沿动态和最新技术，为自己的职业发展打下坚实的基础。

例如，在一个研发团队中，团队成员需要共同研究新技术、开发新产品。在这个过程中，个人可以通过与团队成员的合作和交流，学习到新技术的原理、应用方法和最佳实践。同时，团队成员之间的知识共享和互相学习，也可以帮助个人拓宽知识领域，了解行业最新动态和趋势。

（二）沟通与协作能力的提升

团队协作需要良好的沟通和协作能力。在团队中，个人需要与不同背景、不同性格的成员进行有效的沟通和协作，以达成共同的目标。这种沟通和协作的过程，不仅可以提升个人的沟通和协作能力，还可以培养个人的耐心、理解和包容心。

通过与团队成员的交流和合作，个人可以学习到如何更好地表达自己的观点、倾听他人的想法、处理不同意见和冲突等。这些能力的提升，不仅有助于个人在团队中更好地发挥作用，还可以帮助个人在日常生活和工作中更好地与他人相处。

例如，在一个市场营销团队中，个人需要与产品团队、销售团队等其他部门进行有效的沟通和协作。通过与不同部门的合作和交流，个人可以学习到如何更好地协调各方资源、解决合作中的问题和冲突等。这些经验和能力的提升，对于个人在团队中的成长和发展具有重要意义。

（三）问题解决与决策能力的提升

团队协作中会遇到各种问题和挑战，需要团队成员共同思考和解决。在这个过程中，个人可以通过参与问题分析和解决过程，提升自己的问题解决和决策能力。

通过与团队成员的交流和合作，个人可以学习到如何分析问题、寻找解决方案、制定决策等。同时，团队协作中的集体智慧和经验共享，也可以帮助个人更快地找到问题的症结和解决方案。这些能力的提升，不仅有助于个人在团队中更好地发挥作用，还可以帮助个人在职业生涯中更好地应对各种挑战和机遇。

（四）领导力与团队影响力的培养

在团队协作中，个人还可以通过担任领导角色或发挥影响力来推动团队的发展。通过参与团队管理和决策过程，个人可以学习到如何制定目标、分配任务、激励团队成员等领导力技能。

同时，个人还可以通过积极参与团队活动、为团队做出贡献等方式来增强自己在团队中的影响力。通过不断积累经验和提升能力，个人可以逐渐在团队中扮演更加重要的角色，为团队的发展贡献自己的力量。

例如，在一个项目管理团队中，个人可以担任项目经理或团队领导的角色，负责整个项目的策划、执行和监控过程。在这个过程中，个人可以学习到如何制订项目计划、分配任务、协调资源、激励团队成员等领导力技能。同时，通过为项目做出贡献和取得成果，个人也可以逐渐在团队中树立自己的影响力和威信。

第四节　跨文化沟通的重要性

一、跨文化沟通概述

在全球化的今天，跨文化沟通已经成为各个领域中不可或缺的一部分。无论是国际商业合作、文化交流还是跨国项目管理，都需要我们具备跨文化沟通的能力。下面将从四个方面详细分析跨文化沟通的重要性。

（一）促进国际交流与合作

跨文化沟通在国际交流与合作中起着至关重要的作用。随着全球化的加速，不同国家、不同文化之间的交流与合作日益频繁。通过跨文化沟通，我们可以更好地理解和尊重不同文化背景下的价值观、信仰和习俗，从而建立更加和谐、稳定的国际关系。

在商业领域，跨文化沟通能够帮助企业拓展国际市场，寻找新的合作伙伴和商机。通过深入了解目标市场的文化背景和消费习惯，企业可以制定更加精准的市场策略，提高产品的竞争力和市场份额。同时，跨文化沟通也有助于企业在国际商务谈判中更加灵活地应对各种挑战，实现互利共赢。

（二）增强个人竞争力与适应能力

在全球化背景下，具备跨文化沟通能力的人才更加受到市场的青睐。通过学习和掌握跨文化沟通技巧，个人可以更加自信地面对不同文化背景下的挑战和机遇，增强自身的竞争力和适应能力。

在个人职业发展方面，跨文化沟通能力能够帮助个人更好地融入国际化的工作环境，与来自不同国家和地区的同事和客户进行有效的沟通和合作。这种能力不仅有助于个人在工作中取得更好的成绩和表现，还能够为个人提供更多的职业机会和发展空间。

（三）推动文化多样性与包容性

跨文化沟通有助于推动文化多样性和包容性的发展。通过不同文化之间的交流和融合，我们可以更好地理解和欣赏不同文化的独特魅力和价值，促进文化多样性的繁荣和发展。

同时，跨文化沟通也有助于培养人们的包容性心态。在全球化时代，不同文化之间的冲突和矛盾时有发生。通过跨文化沟通，我们可以学会尊重和理解不同文化之间的差异和分歧，以更加开放、包容的心态面对不同文化背景下的人和事。这种包容性心态不仅有助于缓解文化冲突和矛盾，还能够促进不同文化之间的和谐共处和共同发展。

（四）提升组织效能与创新能力

跨文化沟通对于提升组织效能和创新能力也具有重要意义。在一个国际化的团队中，成员们来自不同的国家和地区，拥有不同的文化背景和思维方式。通过跨文化沟通，团队成员可以相互学习、借鉴和融合不同的思想和方法，从而激发创新灵感和创造力。

同时，跨文化沟通也有助于提升组织的效能。通过有效的跨文化沟通，团队成员可以更加清晰地理解组织的目标和战略，明确各自的职责和角色，加强协作和配合。这种高效的协作和配合不仅能够提高组织的工作效率和质量，还能够增强组织的凝聚力和向心力，推动组织的持续发展和进步。

二、跨文化沟通中的挑战与障碍

跨文化沟通在全球化时代中虽然至关重要，但同时也面临着诸多挑战与障碍。这些挑战与障碍一般来自文化差异、语言障碍、思维方式差异以及沟通方式的不当等。下面将从四个方面详细分析跨文化沟通中的挑战与障碍。

（一）文化差异带来的挑战

文化差异是跨文化沟通中最显著的挑战之一。不同国家和地区的文化背景、价值观、信仰、习俗等都有所不同，这些差异可能导致沟通双方在理解、解释和接受信息时产生偏差或误解。例如，某些文化可能强调个人主义和直接沟通，而另一些文化则更注重集体主义和委婉表达。如果沟通双方不了解这些差异，就可能导致信息传递不畅、误解频发，甚至可能引发文化冲突。

为了应对文化差异带来的挑战，沟通双方需要增强文化敏感性，了解和尊重彼此的文化背景和价值观。在沟通前，可以通过研究目标市场的文化背景、阅读相关书籍和资料、与当地人交流等方式，加深对文化差异的理解。在沟通过程中，要注意使用恰当的语言和表达方式，避免使用可能引起误解的词汇和表达方式。同时，也要学会倾听和尊重对方的观点和意见，以建立更加和谐、有效的跨文化沟通关系。

（二）语言障碍的挑战

语言障碍是跨文化沟通中另一个重要的挑战。即使在全球化的今天，仍然有很多国家和地区使用不同的语言。如果沟通双方无法使用共同的语言进行交流，就可能导致信息传递的困难和误解。此外，即使双方使用相同的语言，也可能因为口音、方言、专业术语等因素导致沟通障碍。

为了克服语言障碍带来的挑战，沟通双方需要提高语言能力，尽可能使用共同的语言进行交流。在必要时，可以寻求专业的翻译服务或翻译软件的帮助。同时，也要注重语言学习和培训，提高自己的语言水平和跨文化沟通能力。此外，在沟通过程中，要注意使用简单、清晰的语言和表达方式，避免使用过于复杂或模糊的词汇和句子。

（三）思维方式差异的挑战

思维方式差异也是跨文化沟通中的一个重要挑战。不同文化背景下的人们往往具有不同的思维方式和逻辑习惯。例如，某些文化可能更加注重逻辑思维和分析能力，而另一些文化则更注重直觉和感性思考。这种差异可能导致沟通双方在理解问题、分析信息和制定决策时产生偏差或误解。

为了应对思维方式差异带来的挑战，沟通双方需要增强思维灵活性，尝试理解和接受不同的思维方式和逻辑习惯。在沟通前，可以通过研究目标市场的思维方式、与当地人交流等方式，了解不同文化背景下的思维特点。在沟通过程中，要注重倾听和理解对方的观点和意见，尊重对方的思维方式，并尝试用对方容易理解的方式表达自己的观点和想法。

（四）沟通方式不当的挑战

沟通方式不当也是跨文化沟通中的一个常见挑战。不同文化背景下的人们往往具有不同的沟通方式和习惯。例如，某些文化可能注重面对面的交流和沟通，而另一些文化则更注重书面沟通或电子邮件交流。如果沟通双方不了解这些差异，就可能导致信息传递不畅、沟通效率低下或误解频发。

为了克服沟通方式不当带来的挑战，沟通双方需要了解并尊重彼此的沟通方式和习惯。在沟通前，可以通过研究目标市场的沟通方式和习惯、与当地人交流等方式，了解不同文化背景下的沟通特点。在沟通过程中，要注重选择合适的沟通方式和渠道，并根据对方的反馈和反应进行调整和改进。同时，也要注重沟通技巧和礼仪的学习和培训，提高自己的跨文化沟通能力。

三、跨文化沟通的技巧与策略

在全球化日益加深的今天，跨文化沟通已成为商业和个人发展中不可或缺的一部分。然而，由于文化差异、语言障碍、思维方式差异等因素，跨文化沟通往往面临着诸多挑战。为了克服这些挑战，掌握一些有效的跨文化沟通技巧与策略显得尤为重要。下面将从四个方面详细分析跨文化沟通的技巧与策略。

（一）增强文化敏感性与尊重

在跨文化沟通中，增强文化敏感性和尊重是首要的技巧与策略。文化敏感性意味着个人能够敏锐地察觉并理解不同文化之间的差异，包括价值观、信仰、习俗等。尊重则是指尊重不同文化的独特性和多样性，避免对他文化进行贬低或歧视。

为了增强文化敏感性与尊重，我们可以采取以下措施：首先，通过学习和研究不同文化，了解它们的起源、发展、特点和影响，以便更好地理解和接纳它们。其次，在沟通中保持开放和包容的心态，尊重对方的观点和习惯，避免偏见和歧视。最后，注意使用恰当的语言和表达方式，避免使用可能引起误解或冲突的词汇和语句。

（二）建立信任与关系

在跨文化沟通中，建立信任与关系是非常重要的。由于文化差异和语言障碍，沟通双方往往难以建立深厚的信任关系。然而，信任是有效沟通的基础，没有信任就难以达成共同的目标和协议。

为了建立信任与关系，我们可以采取以下措施：首先，在沟通中保持真诚和透明，不隐瞒或歪曲信息。其次，积极倾听对方的观点和意见，尊重对方的感受和需求。再次，通过共同的目标和利益来增进双方的合作和信任。最后，在沟通中注重细节和礼仪，展现自己的专业素养和良好品质。

（三）灵活调整沟通方式与策略

在跨文化沟通中，灵活调整沟通方式与策略是至关重要的。由于不同文化背景下的沟通方式和习惯存在差异，我们需要根据具体情况灵活调整自己的沟通方式和策略。

为了灵活调整沟通方式与策略，我们可以采取以下措施：首先，了解并尊重对方的沟通方式和习惯，避免使用可能引起误解或冲突的沟通方式。其次，根据沟通目的和内容选择合适的沟通渠道和方式，如面对面交流、电话沟通、电子邮件等。再次，在沟通中注重非语言沟通的运用，如肢体语言、面部表情、眼神交流等，以增强沟通效果。最后，根据对方的反馈和反应及时调整自己的沟通方式和策略，以确保信息能够准确、有效地传递。

（四）提高语言能力与跨文化交际能力

在跨文化沟通中，提高语言能力与跨文化交际能力是关键。语言能力是沟通的基础，而跨文化交际能力则包括了解不同文化背景下的沟通规则和技巧、适应不同文化环境的能力等。

为了提高语言能力与跨文化交际能力，我们可以采取以下措施：首先，加强语言学习，提高自己的语言水平和表达能力。其次，通过阅读、观看、实践等方式了解不同文化背景下的沟通规则和技巧。再次，积极参与跨文化交流活动，如国际会议、文化交流活动等，以提升自己的跨文化交际能力。最后，在沟通中注重反思和总结，不断提高自己的跨文化沟通能力和水平。

四、跨文化沟通对职业素养提升的影响

在日益全球化的工作环境中，跨文化沟通能力的强弱直接关系到个人职业素养的高低。跨文化沟通不仅要求个人具备跨文化敏感性和语言能力，还需要掌握有效的沟通技巧和策略。这种能力对于提升职业素养至关重要，下面将从四个方面详细分析跨文化沟通对职业素养提升的影响。

（一）拓宽国际视野与全球意识

跨文化沟通能够显著拓宽个人的国际视野和全球意识。通过接触和了解不同文化背景下的思维方式、价值观和行为习惯，个人能够逐渐摆脱单一文化的束缚，形成更加开放、包容的思维方式。这种全球意识的提升，有助于个人在全球化时代更好地适应和融入多元化的工作环境，抓住更多的发展机会。

在职业素养方面，拓宽国际视野和全球意识意味着个人能够更加全面地考虑问题，具备更强的跨文化适应能力。这种能力使得个人在跨国项目中能够迅速适应不同的文化环境，有效协调各方资源，推动项目的顺利进行。同时，全球意识的提升还有助于个人在国际商务合作中更加精准地把握市场动态，制定有效的市场策略，提高商业合作的成功率。

（二）增强团队合作与协调能力

跨文化沟通对于增强团队合作与协调能力具有重要意义。在跨文化团队中，成员们来自不同的国家和地区，拥有不同的文化背景和思维方式。通过

有效的跨文化沟通，团队成员能够相互理解、尊重和信任，形成更加紧密的合作关系。这种合作关系有助于团队成员共同解决问题、应对挑战，提高团队的整体效能。

在职业素养方面，增强团队合作与协调能力意味着个人能够更好地融入团队，与团队成员建立良好的合作关系。这种能力使得个人在团队中能够发挥自己的专长，为团队贡献自己的力量。同时，良好的团队合作与协调能力还有助于个人在团队中建立良好的人际关系，提高自己的工作满意度和幸福感。

（三）提升决策与判断能力

跨文化沟通能够提升个人的决策与判断能力。在跨文化环境中，个人需要面对不同文化背景下的信息和观点，这些信息可能相互矛盾、错综复杂。通过有效的跨文化沟通，个人能够收集到更加全面、准确的信息，从而做出更加明智、合理的决策。

在职业素养方面，提升决策与判断能力意味着个人能够更加准确地分析问题、把握机遇，为公司的发展做出更大的贡献。这种能力使得个人在复杂多变的商业环境中能够保持清醒的头脑，灵活应对各种挑战和机遇。同时，良好的决策与判断能力还有助于个人在职业生涯中不断提升自己的地位和影响力。

（四）增强自我管理与情绪调节能力

跨文化沟通对于增强自我管理与情绪调节能力也具有重要作用。在跨文化沟通中，个人可能会遇到各种挑战和困难，如语言障碍、文化差异等。这些挑战和困难可能会导致个人产生焦虑、压力等负面情绪。通过有效的跨文化沟通，个人能够学会如何调节自己的情绪，保持冷静、理智的心态。

在职业素养方面，增强自我管理与情绪调节能力意味着个人能够更好地应对工作中的挑战和压力，保持积极的心态和高效的工作状态。这种能力使得个人在面对困难时能够迅速调整自己的心态，寻找解决问题的方法。同时，良好的自我管理与情绪调节能力还有助于个人在职业生涯中保持健康的心理状态，提高自己的工作满意度和生活质量。

第五节　沟通与协作的个人与职业发展

一、沟通协作能力对个人职业发展的影响

（一）塑造良好的职业形象与声誉

沟通协作能力在塑造个人职业形象与声誉方面起着至关重要的作用。一个拥有出色沟通协作能力的个体，能够有效地与他人交流，理解并满足他人的需求，进而在职场中树立良好的形象。这种形象不仅有助于个人在职场中建立广泛的人脉关系，还能为个人的职业发展提供有力支持。

首先，良好的沟通技巧能够使个人在职场中更加自信地表达自己的观点和想法，展现自己的专业能力和价值。通过清晰、准确地传达信息，个人能够赢得同事、上司和客户的信任与尊重，从而在职场中树立专业、可信赖的形象。

其次，协作能力能够使个人在团队中更好地发挥自己的作用，与团队成员共同完成任务。通过积极参与团队合作，个人能够展现出自己的团队合作精神和领导能力，赢得团队成员的认可与尊重。这种认可和尊重将进一步提升个人的职业声誉，为个人的职业发展创造更多机会。

（二）提升工作效率与团队绩效

沟通协作能力对于提升工作效率和团队绩效具有显著影响。通过有效的沟通和协作，个人能够更快地理解任务需求、明确工作目标，并更加高效地完成任务。同时，良好的协作能力还能够促进团队成员之间的信息共享和资源整合，提高团队的整体绩效。

首先，沟通协作能力有助于减少工作中的误解和冲突。通过及时、准确地传递信息，个人能够避免因为信息不畅导致的误解和冲突，提高工作效率。同时，良好的协作能力还能够促进团队成员之间的沟通和理解，增强团队的凝聚力和向心力。

其次，沟通协作能力有助于优化工作流程和资源分配。通过有效的沟通和协作，个人能够更加清晰地了解工作流程和资源分配情况，从而更加合理地安排自己的工作。同时，团队成员之间的协作还能够实现资源共享和优势互补，提高团队的整体工作效率和绩效。

（三）增强职业适应性与竞争力

在快速变化的职场环境中，沟通协作能力对于增强职业适应性和竞争力具有重要意义。一个具备出色沟通协作能力的个体，能够更快地适应新的工作环境和任务需求，更好地应对职场挑战。

首先，沟通协作能力有助于个人更好地适应新的工作环境。通过有效的沟通和协作，个人能够更快地了解公司的文化、制度和业务流程，融入新的工作环境。同时，良好的协作能力还能够使个人更快地与新同事建立联系和信任关系，增强个人的工作满意度和归属感。

其次，沟通协作能力有助于个人提高职业竞争力。在竞争激烈的职场环境中，一个具备出色沟通协作能力的个体更容易获得同事、上司和客户的认可和赞赏。这种认可和赞赏不仅能够提升个人的职业声誉和影响力，还能够为个人的职业发展提供更多机会和选择。

（四）促进个人的成长与职业发展

沟通协作能力不仅对个人职业发展具有重要影响，还能够促进个人的成长和进步。通过有效的沟通和协作，个人能够不断学习和积累新的知识和技能，提升自己的综合素质和能力水平。

首先，沟通协作能力有助于个人拓宽视野和思维方式。通过接触不同文化和背景的人，个人能够了解不同的思维方式和价值观，拓宽自己的视野和思维方式。这种拓宽有助于个人在解决问题和应对挑战时更加全面、深入地思考和分析。

其次，沟通协作能力有助于个人提升自我管理和情绪调节能力。在沟通和协作过程中，个人需要不断调节自己的情绪和心态，保持冷静、理智的态度。这种自我调节能力的提升将有助于个人在职业生涯中更好地应对各种挑战和压力。同时，通过与他人合作和互动，个人还能够不断反思和总结自己的经验和教训，促进自己的成长和进步。

二、沟通协作在职业晋升中的作用

（一）建立有效的职业关系网络

在职业晋升的过程中，建立和维护有效的职业关系网络是至关重要的。沟通协作能力在构建这样的网络中扮演着核心角色。

首先，良好的沟通能力使得个人能够与他人建立积极、友好的关系。通过有效的口头和书面交流，个人能够展示自己的专业知识、技能和个性魅力，从而赢得他人的尊重和信任。这种基于沟通和理解的关系更容易转化为长期的职业伙伴关系，为个人的职业晋升提供有力支持。

其次，协作能力有助于个人在团队中建立良好的合作基础。在团队项目中，个人通过积极参与、分享信息和资源、共同解决问题，能够赢得团队成员的认可和尊重。这种基于协作的合作关系不仅有助于项目的成功完成，还能为个人在团队中树立良好形象，为未来的职业晋升奠定基础。

最后，沟通协作能力还有助于个人扩大职业关系网络。通过有效的沟通和协作，个人能够结识来自不同领域、行业和组织的专业人士，拓宽自己的职业视野和人脉资源。这些新的联系可能为个人提供更多的职业机会和信息，促进个人在职业晋升中的发展。

（二）展现领导才能与团队协作精神

在职业晋升中，展现领导才能和团队协作精神是至关重要的。沟通协作能力是实现这一点的关键。

首先，沟通能力有助于个人展现领导才能。一个优秀的领导者需要具备良好的沟通能力，能够清晰地传达目标、期望和愿景，激发团队成员的积极性和创造力。通过有效的口头和书面表达，个人能够展示自己的领导风格和魅力，赢得团队成员的信任和支持。

其次，协作能力有助于个人展现团队协作精神。在团队中，个人需要积极参与、贡献自己的力量，并与团队成员共同完成任务。通过协作，个人能够展示自己的团队合作能力和责任感，赢得团队成员的尊重和信任。这种团队协作精神是领导才能的重要组成部分，也是职业晋升中不可或缺的素质。

（三）提升工作效率与绩效表现

沟通协作能力对于提升工作效率和绩效表现具有显著影响，这在职业晋升中发挥着重要作用。

首先，有效的沟通能够减少误解和冲突，提高工作效率。通过及时、准确地传递信息，个人能够避免因为信息不畅而导致的误解和冲突，从而更加高效地完成任务。这种高效的沟通不仅有助于个人提升工作效率，还能为团队创造更多价值。

其次，协作能力有助于优化工作流程和资源分配。通过有效的协作，个人能够与团队成员共同制订工作计划、分配任务和资源，从而更加高效地完成任务。这种协作能力有助于提升团队的整体绩效表现，为个人在职业晋升中提供有力支持。

（四）塑造良好的职业形象与品牌

沟通协作能力还有助于个人塑造良好的职业形象与品牌，在职业晋升中占据有利地位。

首先，良好的沟通能力使得个人能够清晰、准确地传达自己的思想、观点和成果，展示自己的专业能力和价值。这种基于沟通的自我展示有助于个人在职场中树立专业、可信赖的形象，赢得他人的尊重和信任。

其次，协作能力有助于个人在团队中树立良好的形象。通过积极参与团队合作、贡献自己的力量、共同解决问题，个人能够赢得团队成员的认可和尊重。这种基于协作的团队合作精神有助于个人在团队中树立良好形象，为未来职业晋升奠定基础。

总之，沟通协作能力在职业晋升中发挥着至关重要的作用。通过建立有效的职业关系网络、展现领导才能与团队协作精神、提升工作效率与绩效表现以及塑造良好的职业形象与品牌，个人能够为自己的职业晋升创造更多机会和选择。

三、沟通协作在职业转型中的应用

（一）理解新行业与新职位的需求

在职业转型的过程中，理解新行业与新职位的需求是至关重要的一步。沟通协作能力在此环节发挥着关键作用。

首先，良好的沟通能力有助于个人深入了解新行业的动态、趋势和规则。通过与行业内的人士交流、参加行业会议和研讨会等活动，个人能够获取一手的行业信息，对行业的整体状况有更加清晰的认识。同时，通过与潜在雇主或招聘人员的沟通，个人能够明确新职位的具体职责、要求和期望，从而有针对性地准备自己的简历和面试。

其次，协作能力有助于个人在理解新行业与新职位需求的过程中，与同行或专家建立联系，共同探讨和解决问题。通过与他人的合作，个人能够借鉴他人的经验和知识，快速掌握新行业和新职位所需的关键技能和能力。这种协作不仅有助于个人提升自我认知，还能为个人在职业转型中提供有力的支持。

（二）构建转型所需的技能和知识体系

在明确了新行业与新职位的需求后，个人需要构建与之相匹配的技能和知识体系。沟通协作能力在此过程中同样发挥着重要作用。

首先，沟通能力有助于个人与培训机构、导师或专家建立联系，获取有效的学习资源。通过与他人的交流，个人能够了解不同学习资源的优劣和适用性，选择最适合自己的学习方式。同时，通过向他人请教和咨询，个人能够更快地掌握新知识和技能，提升学习效率。

其次，协作能力有助于个人在学习过程中与他人共同学习和探讨。通过与他人的合作，个人能够共同解决问题、分享经验和知识，提升学习的深度和广度。这种协作不仅有助于个人更快地掌握新知识和技能，还能为个人职业转型提供有力的支持。

（三）展示新技能和知识以获得认可

在构建了转型所需的技能和知识体系后，个人需要通过有效的方式展示这些新技能和知识，以获得潜在雇主或同事的认可。沟通协作能力在此环节同样不可或缺。

首先，良好的沟通能力有助于个人在面试或自我介绍中清晰地展示自己的新技能和知识。通过准确、生动地描述自己的学习和实践经历，个人能够让雇主或同事了解自己在新领域的能力和潜力。同时，通过倾听和回应雇主或同事的问题和反馈，个人能够进一步展示自己的思考能力和应变能力。

其次，协作能力有助于个人在展示新技能和知识的过程中与他人建立联系和合作。通过与他人的合作，个人能够共同完成任务、解决问题，展示自己的团队合作精神和领导能力。这种协作不仅有助于个人赢得他人的认可和信任，还能为个人在职业转型中提供更多的机会和选择。

（四）适应新工作环境并建立新的职业网络

成功转型后，个人需要适应新的工作环境并建立新的职业网络。沟通协作能力在此环节同样至关重要。

首先，良好的沟通能力有助于个人与新的同事和领导建立联系和信任。通过积极参与团队活动和讨论，个人能够更快地融入新的工作环境，了解团队的文化和价值观。同时，通过有效的沟通，个人能够避免误解和冲突，保持良好的人际关系。

其次，协作能力有助于个人在新的工作环境中发挥自己的作用和贡献。通过与团队成员的合作，个人能够共同完成任务、实现目标，展示自己的能力和价值。这种协作不仅有助于个人提升工作效率和绩效表现，还能为个人在新的职业领域树立良好形象。同时，通过与新的同事和领导协作，个人能够建立新的职业网络，为未来的职业发展奠定基础。

四、持续学习与提升沟通协作能力的必要性

（一）适应不断变化的工作环境

当今的工作环境日新月异，企业对于员工的沟通协作能力要求也越来越高。随着技术的不断进步和全球化的加速发展，职场中的信息交流变得越来越频繁和复杂。为了适应这种变化，员工必须持续学习和提升自己的沟通协作能力。

首先，随着新技术的不断涌现，传统的沟通方式正在被逐渐颠覆。例如，远程工作和在线协作已成为常态，这要求员工熟练掌握各种数字沟通工具，如视频会议软件、在线协作平台等。只有不断学习，员工才能跟上技术的步伐，确保在新的工作环境中保持高效的沟通。

其次，全球化的趋势使得跨文化沟通变得越来越重要。员工需要了解不同文化背景下的沟通习惯和礼仪，以避免误解和冲突。通过持续学习，员工可以培养自己的跨文化沟通能力，更好地与来自不同国家和地区的同事合作。

（二）提高工作效率与团队协作能力

沟通协作能力的提升可以显著提高工作效率和团队协作能力。在工作中，有效的沟通可以确保信息准确、及时地传递，减少因误解或信息传递不畅而造成的返工和延误。同时，良好的协作能力有助于团队成员之间更好地分工合作，共同完成任务。

持续学习和提升沟通协作能力，可以让员工更加明确自己的工作目标和团队的整体目标，从而更好地规划自己的工作进度和方式。此外，通过学习和实践，员工还可以掌握更多的沟通技巧和团队协作方法，使团队的合作更加顺畅高效。

（三）促进个人职业发展与晋升机会

在职场中，沟通协作能力强的员工往往更容易获得领导的认可和赏识，从而获得更多的晋升机会和职业发展空间。持续学习和提升这些能力，可以让员工在职业生涯中始终保持竞争力，不断突破自我。

此外，良好的沟通能力还有助于员工在职场中建立良好的人际关系网络，为自己的职业发展奠定坚实的基础。通过与他人建立良好的沟通和协作关系，员工可以获取更多的资源和信息，为自己的职业发展创造更多的机会。

（四）培养领导力与组织影响力

沟通协作能力不仅是员工必备的基本素质，也是培养领导力和组织影响力的重要因素。一个优秀的领导者必须具备良好的沟通能力和协作精神，才能带领团队共同前进。

通过持续学习和实践，员工可以不断提升自己的沟通能力和协作技巧，逐步培养出卓越的领导力。同时，在工作中积极展现自己的沟通能力和团队协作精神，还可以增强自己在组织中的影响力，为团队的发展贡献更多的力量。

总之，持续学习与提升沟通协作能力对个人职业发展来说至关重要。它不仅可以帮助员工适应不断变化的工作环境、提高工作效率和团队协作能力，还可以促进个人职业发展与晋升机会以及培养领导力与组织影响力。因此，每个员工都应该重视沟通协作能力的提升，并将其作为自己职业发展的重要支撑。

第五章　职业素养中的创新精神

第一节　创新精神的内涵与价值

一、创新精神概述

在职业发展的道路上，创新精神是不可或缺的重要素养。它不仅推动着个人职业生涯的持续发展，也为企业和社会带来了源源不断的活力和动力。下面将从四个方面对创新精神的定义与理解进行深入分析。

（一）创新精神的定义

创新精神，是指个体在面对问题和挑战时，能够超越常规思维模式，以新颖、独特、有价值的思维活动和实践活动，去认识和改造世界的一种精神品质。这种精神品质包括对新事物的好奇心、对未知领域的探索欲、对问题的敏感性以及解决问题的创造性等。

首先，创新精神体现在对新事物的好奇心。一个具有创新精神的人，总是对周围的世界充满好奇，愿意去探索未知领域，寻求新的知识和经验。这种好奇心是推动个体不断学习、不断进步的源泉。

其次，创新精神表现在对未知领域的探索欲。在面对新的工作任务或挑战时，具有创新精神的人不会满足于现有的解决方案，而是主动去寻找新的思路和方法，以期达到更好的效果。

再次，创新精神也包含了对问题的敏感性。具有创新精神的人往往能够敏锐地察觉到问题的存在，并迅速做出反应。他们善于从多个角度分析问题，寻找问题的根源，并提出有效的解决方案。

最后，创新精神的核心在于解决问题的创造性。在解决问题的过程中，具有创新精神的人能够打破常规思维模式的束缚，提出新颖、独特、有价值的解决方案。这种创造性不仅体现在思维上，也体现在行动上，即能够将创新思维转化为实际行动，实现创新成果。

（二）创新精神的理解

1.对创新的认识：创新不仅仅是技术或产品的更新换代，更是一种思维方式和行动模式。它要求个体在面对问题时，能够摆脱传统思维的束缚，从新的角度去思考问题，提出新的解决方案。

2.对创新的态度：具有创新精神的人对创新持有积极、开放的态度。他们愿意尝试新的方法和技术，不怕失败和挫折，勇于挑战自我和突破常规。

3.对创新的应用：创新精神不仅体现在思维上，更要在实践中得到应用。具有创新精神的人能够将创新思维转化为实际行动，通过实践来检验和完善创新方案。

4.对创新的评价：对于创新成果的评价，不应局限于短期的经济效益或成果展示，而应更注重长期的社会价值和对人类发展的贡献。具有创新精神的人应该具备这种长远的眼光和胸怀。

（三）创新精神在职业发展中的作用

创新精神在职业发展中具有重要的作用。它可以帮助个体在职业生涯中保持竞争力，不断适应新的工作环境和任务要求；可以推动个人不断学习和成长，提高自己的专业素养和能力水平；可以为企业和组织带来新的机遇和挑战，促进组织和社会的持续发展和进步。

（四）创新精神的培养途径

培养创新精神需要从多个方面入手。首先，要加强自我学习和自我提升的意识，不断学习新的知识和技能；其次，要敢于挑战自我和突破常规，勇于尝试新的方法和思路；再次，要积极参与团队合作和交流互动，借鉴他人的经验和智慧；最后，要保持开放的心态和胸怀，接受新的思想和观念，不断拓展自己的视野和思维空间。

二、创新精神在职业素养中的地位

在职业素养的多元构成中，创新精神占据着举足轻重的地位。它不仅影响着个人的职业发展，更是推动社会进步和企业发展的重要动力。下面将从四个方面详细分析创新精神在职业素养中的地位。

（一）创新精神是职业素养的核心要素

在现代社会，职业素养涵盖了专业知识、技能、道德、情感等多个方面，而创新精神则是其中的核心要素之一。创新精神是指个体在面对问题和挑战时，能够摆脱传统思维的束缚，提出新颖、独特、有价值的解决方案的能力。这种能力不仅体现了个人思维的深度和广度，更展示了个人在职业发展中的潜力和价值。

一个具备创新精神的个体，能够在工作中不断寻求新的方法和思路，推动工作的创新和发展。这种创新精神不仅能够提升个人的工作效率和质量，还能够为企业和组织带来新的机遇和挑战。因此，创新精神在职业素养中的地位是不可替代的。

（二）创新精神是职业竞争力的关键因素

在竞争激烈的职场环境中，创新精神成为个体职业竞争力的重要因素。一个具备创新精神的个体，能够在工作中不断突破自我，挑战传统，提出新的观点和解决方案。这种能力使得个体在职业发展中更具竞争力，更能够脱颖而出。

同时，创新精神也能够帮助个体在职场中建立独特的个人品牌。通过不断地创新和尝试，个体能够展现出自己独特的思维方式和行为风格，形成独特的个人魅力。这种个人品牌不仅能够提升个体的职业形象，还能够为个体带来更多的职业机会和资源。

（三）创新精神是推动企业发展的动力源泉

在企业发展中，创新精神同样占据着重要的地位。一个具备创新精神的企业，能够不断推出新的产品和服务，满足市场的需求和变化。这种创新能力不仅能够帮助企业保持竞争优势，还能够为企业带来更多的商业机会和利润。

同时，创新精神也能够推动企业的文化建设和团队协作。一个鼓励创新的企业文化，能够激发员工的创造力和创新精神，提高员工的工作积极性和满意度。这种文化氛围不仅能够提升企业的整体绩效，还能够增强企业的凝聚力和向心力。

（四）创新精神是适应未来社会发展的必然要求

随着社会的不断发展和变化，未来的职场环境将面临着更加复杂和多元的挑战。在这种环境下，具备创新精神的个体和企业将更具竞争力。因为创新精神能够帮助个体和企业更好地适应未来的变化和挑战，不断寻求新的机遇和发展空间。

同时，创新精神也是推动社会进步的重要力量。一个充满创新精神的社会，能够不断推出新的科技成果和创新产品，推动社会的发展和进步。这种创新精神不仅能够提升人类的生活质量，还能够为人类的发展开辟新的道路和可能。

综上所述，创新精神在职业素养中的地位是不可替代的。它不仅是职业素养的核心要素，更是提升职业竞争力、推动企业发展、适应未来社会发展的必然要求。因此，我们应该重视创新精神的培养和提升，不断激发自身的创造力和创新精神，为职业发展和社会进步贡献自己的力量。

三、创新精神对职业发展的重要性

在竞争激烈的现代职场环境中，创新精神对职业发展具有不可忽视的重要性。下面将从四个方面详细分析创新精神对职业发展的重要性。

（一）塑造独特的竞争优势

在快速变化的工作环境中，具备创新精神的个体能够迅速适应新的情况和挑战。他们不受传统思维的限制，勇于尝试新的方法、技术和思路，从而在职场上塑造出独特的竞争优势。这种竞争优势使得他们在面对竞争对手时更具优势，更容易在职业生涯中脱颖而出。

具体而言，创新精神有助于个体在工作中发现和抓住新的机会。他们能够从不同的角度审视问题，发现别人忽视的细节和可能性，从而提出新的解决方案。这种能力使得他们在面对复杂问题时更具灵活性，能够迅速找到有效的解决方案。同时，创新精神还能够激发个体的创造力和想象力，帮助他们设计出更具吸引力和竞争力的产品和服务，进一步巩固自己的市场地位。

（二）促进个人成长与自我实现

创新精神是推动个人成长和自我实现的重要动力。通过不断地创新实践，个体能够不断挑战自我、突破自我，实现自我价值的最大化。

首先，创新精神能够激发个体的求知欲和探索欲。他们不断追求新的知识、技能和经验，通过不断学习和实践来提升自己的能力和素质。这种过程不仅能够让他们在工作中更加得心应手，还能够让他们在个人成长方面取得更大的进步。

其次，创新精神能够培养个体的意志力和毅力。在创新过程中，个体往往需要面对各种困难和挑战。然而，正是这些困难和挑战锻炼了他们的意志力和毅力，让他们变得更加坚韧和顽强。这种品质对于职业发展至关重要，能够帮助个体在职业生涯中克服各种困难和挑战。

（三）推动行业进步与社会发展

具备创新精神的个体不仅能够在职场上取得成功，还能够推动整个行业的进步和社会的发展。他们的创新实践不仅能够引领行业的发展方向，还能够为整个社会带来新的机遇和挑战。

例如，在科技领域，创新精神的推动使得新技术、新产品层出不穷，极大地推动了科技的进步和发展。这些新技术、新产品不仅提高了人们的生活质量和工作效率，还为社会带来了更多的商业机会和就业机会。同时，创新精神还能够推动社会文化的繁荣和发展，让社会变得更加多元和包容。

（四）增强适应性与应对挑战的能力

随着社会的不断发展和变化，职场环境也在不断地变化和调整。具备创新精神的个体能够更好地适应这种变化和挑战，保持自己的竞争力和市场地位。

首先，创新精神能够帮助个体快速适应新的工作环境和任务要求。他们不受传统思维的限制，能够迅速理解和掌握新的知识和技能，并将其应用到实际工作中去。这种能力使得他们在面对新的工作任务时更加得心应手、游刃有余。

其次，创新精神能够帮助个体应对各种挑战和困难。他们能够从多个角度分析问题、提出解决方案，并通过实践来完善和优化自己的解决方案。这种能力使得他们在面对复杂问题和挑战时更加从容不迫、应对自如。

综上所述，创新精神对职业发展具有不可忽视的重要性。它不仅能够塑造独特的竞争优势、促进个人成长与自我实现，还能够推动行业进步与社会发展、增强适应性与应对挑战的能力。因此，我们应该重视创新精神的培养和提升，不断激发自身的创造力和创新精神，为职业发展和社会进步贡献自己的力量。

四、创新精神对社会进步的价值

创新精神是推动社会进步的重要动力，它对于社会的发展、变革和繁荣具有深远的意义。下面将从四个方面详细分析创新精神对社会进步的价值。

（一）促进科技革新与经济发展

创新精神是推动科技革新的关键力量。在科技领域，创新意味着不断地探索、试验和突破，这种精神促使科学家们不断挑战现有的科技边界，寻找新的科技领域和可能性。正是这种不断的探索和突破，推动了科技的飞速发展，为社会带来了前所未有的便利和改变。

在经济发展方面，创新精神也发挥了重要的作用。一方面，科技创新能够带来新的生产力，提高生产效率，推动经济持续增长。另一方面，创新能够带来新的产业和商业模式，为社会创造更多的就业机会和财富。这种经济上的创新不仅能够提升国家的综合国力，还能够改善人民的生活水平。

（二）推动社会变革与文化繁荣

创新精神是推动社会变革的重要力量。在社会发展过程中，旧有的制度、观念和文化往往会成为阻碍社会进步的障碍。而创新精神能够打破这些障碍，推动社会向更加公正、平等和开放的方向发展。通过不断地创新实践，人们能够发现新的社会问题，提出新的解决方案，推动社会制度不断完善和进步。

同时，创新精神也是推动文化繁荣的重要动力。在文化领域，创新意味着不断地探索和创造新的艺术形式、文学作品和思想观点。这种文化创新不仅能够丰富人们的精神生活，还能够推动文化的交流和融合，促进不同文化之间的理解和尊重。这种文化上的创新不仅能够提升国家的文化软实力，还能够增强民族的凝聚力和向心力。

（三）增强国家竞争力与影响力

创新精神对于提升国家的竞争力和影响力具有重要的意义。在全球化的大背景下，国家之间的竞争越来越激烈，而创新成为竞争的核心要素。一个具备创新精神的国家，能够在科技、经济、文化等多个领域取得领先地位，从而在国际舞台上占据有利地位。

同时，创新精神还能够增强国家的软实力。一个国家的文化、价值观、思想观念等软实力因素，往往是通过创新来展现和传播的。一个具备创新精神的国家，能够创作出具有吸引力和影响力的文化产品，传播自己的价值观念和思想观念，增强自己在国际上的影响力和话语权。

（四）提高人民生活质量与福祉

创新精神最终受益的是广大人民群众。通过不断的科技创新和经济发展，人们能够享受到更加便捷、舒适和高效的生活。例如，医疗技术的创新能够让人们享受到更好的医疗服务，提高人们的健康水平；交通技术的创新能够缩短人们的出行时间，提高人们的出行效率；教育技术的创新能够提供更加优质的教育资源，提高人们的文化素养和知识水平。

同时，创新精神还能够推动社会公平和正义。通过创新实践，人们能够发现社会中的不平等和不公正现象，提出解决方案，推动社会向更加公正、平等和包容的方向发展。这种社会进步不仅能够提高人们的生活质量，还能够增强人们的幸福感和获得感。

综上所述，创新精神对社会进步的价值是多方面的。它不仅能够促进科技革新与经济发展，推动社会变革与文化繁荣，还能够增强国家竞争力与影响力，提高人民生活质量与福祉。因此，我们应该高度重视创新精神的培养和发展，让创新成为推动社会进步的重要动力。

第二节　创新思维在职业领域的应用

一、创新思维在问题解决中的实践

在职业领域，创新思维是解决问题的重要工具。它能够帮助我们打破传统思维的束缚，发现新的解决方案，提高工作效率和质量。下面将从四个方面分析创新思维在问题解决中的实践。

（一）问题识别与重新定义

在问题解决的过程中，首先需要对问题进行准确识别。然而，传统思维往往使我们陷入固定的思维模式，难以发现问题的真正本质。创新思维则要求我们跳出这一框架，从多个角度审视问题，重新定义问题的边界和内涵。

例如，在市场营销领域，当面临销售额下降的问题时，传统思维可能会考虑降价促销或增加广告投入。然而，创新思维则要求我们深入探究问题的根源，可能是产品定位不准确、目标客户群体变化或竞争对手策略调整等原因。通过重新定义问题，我们可以更加准确地找到解决问题的方向。

（二）跨界思维与资源整合

创新思维强调跨界思维和资源整合的能力。在问题解决过程中，我们需要跨越不同领域和行业的界限，借鉴其他领域的成功经验和方法，将各种资源进行有机整合，以发现新的解决方案。

以产品设计为例，当面临产品功能单一、用户体验不佳的问题时，我们可以借鉴其他行业的设计理念和技术，如互联网行业的用户体验设计、制造业的精益生产等。通过跨界思维和资源整合，我们可以设计出更加符合用户需求、功能丰富且易于使用的产品。

（三）试错与迭代优化

在问题解决过程中，创新思维鼓励我们进行试错和迭代优化。试错是指通过实际尝试和实践来检验解决方案的可行性和效果，迭代优化则是在试错的基础上对解决方案进行不断改进和完善。

在软件开发领域，这种试错和迭代优化的过程尤为明显。开发团队会先编写一个初步的软件版本，然后通过用户反馈和测试来发现问题并进行修复。这个过程会不断重复，直到软件达到预定的质量和功能要求。这种迭代优化的过程不仅能够提高软件的稳定性和性能，还能够不断满足用户的新需求。

（四）持续学习与自我更新

创新思维要求我们具备持续学习和自我更新的能力。在职业领域，随着技术的不断发展和市场的不断变化，我们需要不断地学习新的知识和技能，以适应新的工作环境和挑战。

以互联网行业为例，随着人工智能、大数据、云计算等技术的不断发展，新的应用场景和商业模式不断涌现。为了保持竞争力，互联网从业者需要不断学习这些新技术和新知识，并将其应用到实际工作中去。同时，他们还需要关注市场的变化和用户的需求变化，不断调整自己的战略和策略。这种持续学习和自我更新的能力不仅能够提高我们的工作效率和质量，还能够增强我们的职业竞争力。

综上所述，创新思维在问题解决中的实践体现在问题识别与重新定义、跨界思维与资源整合、试错与迭代优化以及持续学习与自我更新等方面。这些实践不仅能够提高我们解决问题的能力，还能够推动我们职业领域的发展和进步。

二、创新思维在产品开发中的应用

在产品开发的过程中，创新思维扮演着至关重要的角色。它不仅能够帮助团队突破传统框架，还能引领产品走向市场前沿，满足用户日益增长的多样化需求。下面将从四个方面详细分析创新思维在产品开发中的应用。

（一）用户需求的深入挖掘与前瞻性洞察

在产品开发初期，创新思维要求团队从用户的角度出发，深入挖掘用户的真实需求。这不仅仅是对现有需求的简单满足，更是对未来趋势的前瞻性洞察。通过用户研究、市场调研和数据分析等多种方式，团队可以发现用户的潜在需求，以及市场的潜在机会。

例如，在智能手机领域，早期开发者可能只是关注基本通话和短信功能。然而，随着用户对手机功能的不断期望提升，创新思维的团队开始思考如何集成更多功能，如摄像头、音乐播放器、浏览器等，以满足用户的多样化需求。同时，他们还能洞察到未来可能流行的趋势，如大屏、高清摄像、人工智能等，从而提前布局，引领市场潮流。

（二）跨界融合与创新元素的引入

创新思维鼓励团队打破行业界限，将不同领域的创新元素和技术引入到产品开发中。这种跨界融合不仅可以给产品带来新的功能和体验，还能提升产品的竞争力和市场吸引力。

以智能家居产品为例，传统的家居产品往往只关注产品的基本功能，如照明、制冷等。然而，通过引入物联网、大数据、人工智能等创新元素，智能家居产品可以实现远程控制、自动调节、智能场景设置等功能，为用户提供更加便捷、舒适和个性化的居住体验。这种跨界融合不仅提升了产品的附加值，还为用户带来了全新的生活方式。

（三）原型设计与快速迭代优化

在产品开发过程中，创新思维强调原型设计与快速迭代优化的重要性。通过快速构建产品原型并进行测试，团队可以及时发现产品存在的问题和不足，并进行有针对性的改进和优化。这种快速迭代的过程可以不断积累经验和教训，为产品的最终成功奠定基础。

例如，在软件开发领域，敏捷开发方法就是一种典型的快速迭代优化模式。开发团队会先编写一个初步的软件版本，并通过用户反馈和测试来发现问题并进行修复。这个过程会不断重复，直到软件达到预定的质量和功能要求。这种快速迭代的方式不仅可以提高软件的开发效率和质量，还可以确保软件始终与用户需求保持同步。

（四）团队协作与持续创新文化的培育

创新思维的应用需要一个开放、包容和创新的团队文化。在这样的团队中，每个成员都能够积极发表自己的观点和想法，勇于尝试新的方法和思路。同时，团队还需要建立一种持续创新的文化氛围，鼓励成员不断学习和探索新的知识和技能。

为了培育这样的团队文化，领导者可以采取多种措施。例如，定期组织团队分享会，让成员分享自己的创新经验和成果；设立创新奖励机制，对提出优秀创新想法和方案的成员进行表彰和奖励；提供培训和学习资源，帮助成员不断提升自己的创新能力和素质。通过这些措施，可以激发团队成员的创新热情，促进团队协作和持续创新文化的形成。

综上所述，创新思维在产品开发中的应用体现在用户需求的深入挖掘与前瞻性洞察、跨界融合与创新元素的引入、原型设计与快速迭代优化以及团队协作与持续创新文化的培育等方面。这些应用不仅能提升产品的竞争力和市场吸引力，还能为团队带来更大的发展空间和机遇。

三、创新思维在市场营销中的体现

在快速变化的市场环境中，创新思维对于市场营销的成功至关重要。它不仅能够帮助企业抓住市场机遇，还能提升品牌价值和市场份额。下面将从四个方面详细分析创新思维在市场营销中的体现。

（一）消费者洞察与个性化策略

创新思维要求市场营销人员深入洞察消费者的需求和行为模式，从而制定个性化的营销策略。通过收集和分析消费者数据，企业可以了解消费者的喜好、购买习惯和社交行为等信息，进而为不同消费者群体提供定制化的产品和服务。

在消费者洞察的基础上，企业可以制定个性化的营销策略。例如，通过精准推送个性化的广告内容，企业可以提高广告的点击率和转化率；通过提供个性化的购物体验，企业可以增强消费者的忠诚度和满意度。这种基于消费者洞察的个性化策略，能够更好地满足消费者的需求，提升企业的市场竞争力。

（二）创新营销手段与渠道拓展

传统的营销手段已经难以满足现代消费者的需求，创新思维要求企业探索新的营销手段和渠道。通过运用互联网、社交媒体、大数据等新技术，企业可以创新营销方式，提高营销效率。

例如，企业可以利用社交媒体平台开展品牌宣传和用户互动活动，通过 KOL（关键意见领袖）营销、短视频营销等方式扩大品牌影响力；利用大数据分析消费者的购买行为和喜好，为精准营销提供数据支持。此外，企业还可以尝试跨界合作、联合营销等方式，拓展营销渠道，提升品牌曝光度。

（三）情感营销与品牌故事构建

在竞争激烈的市场环境中，品牌之间的竞争已经不仅仅是产品的竞争，更是情感的竞争。创新思维要求企业注重情感营销，通过构建品牌故事和传递品牌价值观，与消费者建立深厚的情感联系。

情感营销的关键在于挖掘品牌背后的故事和价值观，将其与消费者的情感需求相结合。企业可以通过讲述创始人故事、品牌发展历程等方式，展示品牌的独特魅力和价值观；通过公益活动、社会责任等方式，传递品牌的社会责任感和使命感。这种情感营销方式，能够激发消费者的共鸣和认同感，提升品牌的忠诚度和口碑。

（四）数据驱动与营销效果评估

创新思维强调数据在市场营销中的重要作用。通过收集和分析市场数据、用户数据、销售数据等信息，企业可以更加准确地了解市场趋势、用户需求和产品表现，为营销策略的制定提供有力支持。

数据驱动的市场营销要求企业建立完善的数据分析体系，通过数据分析来评估营销策略的效果。企业可以利用数据分析工具对广告点击率、转化率、用户留存率等指标进行监测和分析，了解营销策略的优劣势和潜在问题。同时，企业还需要根据数据分析结果及时调整营销策略，确保营销活动的持续优化和效果提升。

综上所述，创新思维在市场营销中的体现包括消费者洞察与个性化策略、创新营销手段与渠道拓展、情感营销与品牌故事构建以及数据驱动与营销效果评估等方面。这些体现不仅能帮助企业抓住市场机遇，提升品牌价值和市场份额，还能为消费者带来更加优质、个性化的产品和服务体验。

四、创新思维在团队协作中的作用

在当今日益复杂多变的工作环境中，团队协作已成为实现组织目标不可或缺的一部分。而创新思维在团队协作中扮演着至关重要的角色，它不仅能够激发团队成员的创造力和想象力，还能提升团队整体的竞争力和创新能力。下面将从四个方面详细分析创新思维在团队协作中的作用。

（一）激发团队创造力和想象力

创新思维能够打破传统思维模式的束缚，激发团队成员的创造力和想象力。在团队协作中，当面对复杂问题和挑战时，团队成员可以通过创新思维来寻找新的解决方案和思路。这种开放、包容、鼓励创新的团队氛围，能够激发每个成员的思维潜能，促进团队成员之间的思维碰撞和交流。通过集体智慧和力量的汇集，团队可以设计出更多独特、有竞争力的想法和方案。

此外，创新思维还鼓励团队成员从多个角度审视问题，探索新的可能性和机会。这种跨领域、跨行业的思维方式，可以带来更加全面和深入的认识，帮助团队更好地把握市场动态和客户需求，提升产品和服务的创新性和竞争力。

（二）提升团队决策效率和质量

创新思维在团队协作中还能够提升团队决策的效率和质量。在决策过程中，创新思维可以帮助团队成员打破思维定式，避免陷入惯性思维的陷阱。通过引入新的思考方式和视角，团队成员可以更加全面、客观地分析问题，发现问题的本质和关键点。这种基于创新的决策过程，不仅能够减少决策的盲目性和错误性，还能够提高决策的灵活性和适应性。

同时，创新思维还鼓励团队成员积极参与决策过程，提出自己的意见和建议。这种集思广益的决策方式，可以充分发挥每个成员的智慧和潜力，增强团队的凝聚力和向心力。通过集体智慧的汇聚，团队可以做出更加明智、符合市场需求的决策。

（三）促进团队成员间的沟通与合作

创新思维在团队协作中还能够促进团队成员间的沟通与合作。在团队协作中，每个成员都有自己的专业知识和技能，但也可能存在思维方式和认知差异。通过引入创新思维，团队可以打破这些差异和隔阂，促进成员间的沟通和交流。

创新思维鼓励团队成员以开放、包容的心态接受不同的观点和想法，尊重彼此的差异和多样性。在这种氛围下，团队成员可以更加坦诚地表达自己的观点和建议，分享自己的经验和知识。这种积极的沟通和交流，可以增进彼此之间的了解和信任，促进团队成员间的合作和协作。

同时，创新思维还鼓励团队成员共同探索新的解决方案和思路，共同面对挑战和困难。这种共同的目标和追求，可以激发团队成员的积极性和热情，增强团队的凝聚力和向心力。通过共同努力和协作，团队可以创造出更加优秀、有竞争力的成果。

（四）增强团队适应性和竞争力

创新思维在团队协作中还能够增强团队的适应性和竞争力。在快速变化的市场环境中，团队需要不断适应新的市场趋势和客户需求，保持竞争优势。通过引入创新思维，团队可以更加灵活地应对市场变化，及时捕捉市场机会，创造新的增长点。

同时，创新思维还能够激发团队成员的创新意识和创新能力，帮助团队不断推出新的产品和服务，满足客户的多样化需求。这种持续的创新和进步，可以增强团队的竞争力和市场地位，使团队在激烈的市场竞争中立于不败之地。

综上所述，创新思维在团队协作中发挥着重要作用。它不仅能够激发团队成员的创造力和想象力，提升团队决策效率和质量，促进团队成员间的沟通与合作，还能够增强团队的适应性和竞争力。因此，在团队协作中注重培养和创新思维是至关重要的。

第三节　创新能力的培养与提升

一、激发个人创新潜力的方法

在当今日益竞争激烈的社会环境中，创新能力已成为个人发展的重要竞争力。因此，如何激发和提升个人的创新潜力，成为每个人都需要面对和解决的问题。下面将从四个方面详细分析激发个人创新潜力的方法。

（一）培养开放与探索的心态

要激发个人的创新潜力，首先需要培养一种开放与探索的心态。这种心态表现为对新事物、新思想、新方法的接受和追求，对未知领域的好奇和探索。在日常生活和工作中，个人应主动接触和学习新知识、新技能，勇于尝试新方法和新思路。同时，要学会从不同的角度和层面思考问题，打破思维定式，避免陷入惯性思维的陷阱。

为了培养这种心态，个人可以通过阅读、讨论、交流等方式，不断拓宽自己的知识视野和思维空间。同时，可以参与各种创新活动和实践项目，亲身体验创新的过程和乐趣，从而激发自己的创新热情。

（二）积累知识与经验

知识是创新的基础，经验是创新的源泉。要激发个人的创新潜力，必须不断积累知识和经验。通过系统的学习和实践，个人可以掌握相关领域的基本知识和技能，了解行业前沿动态和发展趋势。同时，通过参与各种项目和活动，个人可以积累丰富的实践经验，提升自己的实践能力和解决问题的能力。

在积累知识和经验的过程中，个人应注重知识的广度和深度，不仅要掌握基础知识，还要了解相关领域的前沿技术和理论。同时，要注重将知识与实践相结合，通过实践来检验知识的有效性和适用性。

（三）激发内在动机与热情

内在动机和热情是激发个人创新潜力的关键。只有对某个领域或某个问题有深厚的兴趣和热情，个人才会投入更多的时间和精力去研究和探索。因此，要激发个人的创新潜力，必须找到自己的兴趣点和热情所在，并以此为动力去驱动自己的创新活动。

为了激发内在动机和热情，个人可以通过参加兴趣小组、社团活动等方式，找到自己感兴趣的领域和话题。同时，可以设定明确的目标和计划，为自己的创新活动提供明确的方向和动力。此外，可以通过与志同道合的人交流和合作，共同探索和创新，从而激发自己的创新潜力。

（四）构建创新思维模式

创新思维模式是指个体在创新过程中形成的独特的思维方式和方法。要激发个人的创新潜力，必须构建一种有效的创新思维模式。这种思维模式包括批判性思维、发散性思维、逆向思维等，能够帮助个人从不同的角度和层面思考问题，发现新的可能性和机会。

为了构建创新思维模式，个人可以通过训练和实践来不断提升自己的思维能力。例如，可以通过头脑风暴、思维导图等方式来激发自己的发散性思维；可以通过对问题的反向思考来锻炼自己的逆向思维能力；可以通过对事物的多角度分析来提升自己的批判性思维能力。同时，要注重将创新思维模式应用于实际问题中，通过实践来检验和完善自己的创新思维模式。

二、培养创新思维的教育与培训

在现代社会中，创新思维已成为推动个人和组织发展的重要动力。因此，通过教育与培训来培养创新思维变得尤为重要。下面将从四个方面详细分析培养创新思维的教育与培训方法。

（一）创新思维的理念引导

在教育与培训中，首先要进行的是创新思维的理念引导。这包括向学员传达创新的重要性、价值和意义，帮助他们认识到创新思维对个人成长和组织发展的关键作用。通过案例分享、讲座、研讨会等形式，让学员深入了解创新思维的内涵和实质，激发他们的创新欲望和动力。

在理念引导的过程中，要注重培养学员的开放性和包容性。鼓励他们敢于尝试新事物、新方法，勇于挑战传统观念和权威。同时，要引导他们学会从不同角度思考问题，打破思维定式，形成多元化的思维模式。

（二）创新思维的技能训练

创新思维不仅仅是理念上的引导，更需要具体的技能训练。在教育与培训中，应该注重培养学员的创新思维技能，如批判性思维、发散性思维、逆向思维等。通过案例分析、角色扮演、小组讨论等方式，让学员在实践中掌握这些技能，并学会将它们应用于实际问题中。

同时，要注重培养学员的创新能力。通过创新实验、创新项目等方式，让学员亲身体验创新的过程和乐趣，激发他们的创新潜力和创造力。此外，还可以引入一些创新工具和方法，如头脑风暴、思维导图等，帮助学员更好地进行创新思维训练。

（三）创新实践的环境营造

创新实践是培养创新思维的重要途径。在教育与培训中，应该注重营造创新实践的环境和氛围。这包括提供丰富的创新资源和平台，如实验室、创新中心、创业孵化器等，让学员有机会进行创新实践。同时，要鼓励学员积极参与创新项目和实践活动，让他们在实践中不断尝试、探索和创新。

在营造创新实践环境的过程中，要注重培养学员的团队协作和沟通能力。创新往往需要多人合作完成，因此学员需要学会与他人合作、分享和交流。通过团队合作、项目协作等方式，让学员在实践中锻炼自己的团队协作和沟通能力，为未来的创新工作打下坚实的基础。

（四）创新文化的建设

创新文化是推动创新发展的重要保障。在教育与培训中，应该注重建设创新文化，让学员在浓厚的创新氛围中成长和发展。这包括建立鼓励创新、容忍失败的文化氛围，让学员敢于尝试、敢于创新；同时，要倡导开放、合作、共享的精神，让学员学会与他人合作、分享创新成果。

在创新文化建设的过程中，要注重培养学员的创新意识和创新精神。通过举办创新大赛、创新论坛等活动，激发学员的创新热情和创造力；同时，要引导学员关注社会热点和市场需求，培养他们的市场敏感度和商业洞察力。此外，还可以通过邀请创新领域的专家、企业家等分享经验和心得，为学员提供更多的创新启示和灵感。

三、企业创新文化的营造与推动

在竞争激烈的商业环境中，企业创新文化的营造与推动对于企业的长期发展至关重要。一个富有创新文化的企业能够激发员工的创新潜力，提高组织的创新能力和竞争力。下面将从四个方面详细分析企业创新文化的营造与推动。

（一）明确创新文化的核心价值观

企业创新文化的营造首先需要明确创新文化的核心价值观。这些价值观应该体现企业对创新的重视和追求，以及对员工的创新精神和创新成果的尊重与认可。企业可以通过制定创新文化的使命、愿景和核心价值观，将创新理念融入企业的战略规划和日常运营中。

在明确创新文化的核心价值观时，企业需要注重与员工的沟通和交流。通过员工大会、内部培训、团队建设等活动，向员工传达创新文化的重要性和价值，增强员工的创新意识和创新能力。同时，企业还可以建立创新奖励机制，对在创新工作中表现突出的员工进行表彰和奖励，激发员工的创新热情。

（二）构建创新文化的组织架构

企业创新文化的营造需要构建有利于创新的组织架构。这种组织架构应该具有灵活性、开放性和包容性，能够支持员工的创新活动和创新成果的转化。企业可以通过优化内部流程、建立跨部门协作机制、设立创新团队等方式，为员工的创新活动提供支持和保障。

在构建创新文化的组织架构时，企业需要注重员工的参与和自主性。通过鼓励员工提出创新建议、参与创新项目、分享创新经验等方式，激发员工的创新潜力和创造力。同时，企业还需要建立有效的沟通机制，确保员工之间的信息畅通和协作顺畅，为创新活动提供有力的支持。

（三）营造创新文化的环境氛围

企业创新文化的营造还需要营造有利于创新的环境氛围。这种氛围应该包括宽松的工作氛围、自由的创新空间、充足的创新资源等。企业可以通过改善工作环境、提供创新工具和资源、鼓励员工自主学习和进修等方式，为员工创造有利于创新的环境条件。

在营造创新文化的环境氛围时，企业需要注重员工的身心健康和职业发展。通过提供健康的工作场所、关注员工的心理健康、提供职业发展机会等方式，增强员工的归属感和忠诚度，为创新文化的营造提供有力的人才保障。

（四）加强创新文化的制度保障

企业创新文化的营造需要加强制度保障。这些制度应该包括创新成果的评估机制、创新风险的承担机制、创新成果的转化机制等。企业可以通过建立创新成果的评估标准和方法、设立创新风险基金、加强知识产权保护等方式，为创新活动提供有力的制度保障。

在加强创新文化的制度保障时，企业需要注重制度的公平性和透明度。通过公开、公正、公平地评估创新成果、分配创新收益、处理创新纠纷等方式，确保员工在创新过程中享有公正的权利和待遇。同时，企业还需要加强与外部机构的合作和交流，共同推动创新文化的营造和发展。

总之，企业创新文化的营造与推动需要从多个方面入手，包括明确创新文化的核心价值观、构建创新文化的组织架构、营造创新文化的环境氛围和加强创新文化的制度保障。这些措施将有助于激发员工的创新潜力，提高组织的创新能力和竞争力，为企业的长期发展提供有力支撑。

四、持续学习与自我提升对创新能力的影响

在快速发展的时代，持续学习与自我提升不仅是个人成长的关键，也是推动创新能力不断提升的重要因素。下面将从四个方面详细分析持续学习与自我提升对创新能力的影响。

（一）知识更新与思维拓展

创新往往需要站在知识的前沿，掌握最新的技术和理论。持续学习能够帮助个人不断更新知识体系，了解最新的行业动态和研究成果。这种知识更

新不仅为创新提供了坚实的基础，还能够拓展个人的思维边界，激发新的创新灵感。

在知识更新的过程中，个人需要保持开放的心态，勇于接受新知识和新思想。同时，要学会批判性地思考，对新知识进行筛选和评估，以确保所学内容的真实性和有效性。通过不断学习和积累，个人可以形成独特的知识体系，为创新提供源源不断的动力。

（二）技能提升与实践经验

创新能力不仅需要理论支持，更需要实践经验的积累。持续学习不仅可以帮助个人提升专业技能，还能够增加实践经验，提高解决问题的能力。在实践中，个人可以不断尝试新的方法和思路，通过试错和迭代，逐渐找到最优的解决方案。

技能提升和实践经验的积累需要个人投入大量的时间和精力。通过参加培训课程、阅读专业书籍、参与实际项目等方式，个人可以不断提升自己的专业技能和实践能力。同时，要学会将所学知识和技能应用于实际工作中，通过实践来检验和完善自己的知识体系。

（三）跨界融合与思维创新

在创新过程中，跨界融合往往能够产生意想不到的效果。持续学习可以帮助个人拓展知识领域，了解不同领域的知识和技能。通过跨界融合，个人可以将不同领域的知识和技能进行有机结合，形成新的创新思路和方法。

跨界融合需要个人具备开放的心态和跨界的视野。在学习的过程中，个人需要关注不同领域的发展动态和趋势，了解不同领域的知识和技能。同时，要学会将这些知识和技能进行融合和创新，形成具有竞争力的创新成果。

（四）心态调整与自我激励

创新往往需要面对失败和挫折。持续学习可以帮助个人调整心态，增强自信心和毅力。在学习的过程中，个人可以不断反思自己的行为和思想，找出失败的原因和不足之处，进而进行改进和提升。

同时，持续学习也可以为个人提供自我激励的动力。通过学习新知识、掌握新技能、解决新问题等方式，个人可以不断获得成就感和满足感，从而激发自己的创新热情和动力。这种自我激励的力量可以推动个人不断前进，不断追求更高的创新目标。

总之，持续学习与自我提升对创新能力的影响是深远的。通过知识更新、技能提升、跨界融合和心态调整等方面的影响，个人可以不断提升自己的创新能力，为组织和社会的发展做出更大的贡献。因此，我们应该保持持续学习的热情和动力，不断提升自己的综合素质和创新能力。

第四节 创新与职业竞争力的关系

一、创新对提升职业竞争力的作用

在当今这个快速变化的时代，创新已成为推动个人职业发展的关键动力。创新能力的提升不仅可以为个人带来独特的竞争优势，还能够为职业生涯的长远发展奠定坚实基础。下面将从四个方面详细分析创新对提升职业竞争力的作用。

（一）塑造独特的个人品牌

在竞争激烈的职场环境中，拥有独特的个人品牌是吸引雇主和合作伙伴的重要因素。创新能力的提升可以帮助个人在工作中展现出独特的思维方式和解决问题的能力，从而塑造出与众不同的个人品牌。这种品牌不仅有助于个人在职业领域内树立专业形象，还能够为个人的职业发展带来更多机会和可能性。

具体而言，创新能力强的个人往往能够提出新颖的观点和解决方案，为公司带来创新性的产品或服务。这种独特的贡献和价值使得个人在团队中脱颖而出，成为公司不可或缺的人才。同时，个人品牌的塑造还能够为个人带来更多的职业选择和发展空间，为职业生涯的长远发展奠定坚实基础。

（二）增强适应变化的能力

在当今这个快速变化的时代，职场环境也在不断地发生变化。拥有创新能力的个人能够更快地适应这些变化，并找到新的机会和挑战。他们具备敏锐的洞察力和判断力，能够及时发现市场、技术和行业的变化趋势，并采取相应的行动来应对这些变化。

具体而言，创新能力强的个人往往能够灵活地调整自己的思维方式和工作方式，以适应新的工作环境和任务要求。他们善于学习和掌握新的知识和技能，能够快速地适应新的技术和工具。这种适应变化的能力使得个人在职业发展中更具竞争力，能够在不断变化的职场环境中保持领先地位。

（三）提升解决问题的能力

在职场中，问题和挑战是不可避免的。拥有创新能力的个人能够更好地应对这些问题和挑战，提出有效的解决方案。他们具备独特的思维方式和创新性的思维方法，能够从多个角度和层面分析问题，找到问题的根源和解决方案。

具体而言，创新能力强的个人往往能够运用创新思维方法，如头脑风暴、逆向思维等，来激发新的创意和想法。他们善于将不同的知识和信息进行整合和创新，形成新的解决方案。这种解决问题的能力使得个人在工作中更具竞争力，能够为公司带来更多的价值和贡献。

（四）拓展职业发展空间

创新能力的提升还可以为个人拓展职业发展空间提供更多机会。在职业发展中，个人需要不断地挑战自我、超越自我，才能够实现更高的职业目标和梦想。而创新能力的提升可以为个人提供更多的挑战和机会，帮助他们实现更高的职业成就。

具体而言，创新能力强的个人往往能够承担更多的责任和任务，为公司带来更多的价值和贡献。他们具备独特的思维方式和创新能力，能够为公司带来新的机会和发展方向。这种职业发展空间的拓展使得个人在职业发展中更具竞争力，能够实现更高的职业目标和梦想。

二、创新在职业市场中的竞争优势

在快速变化的职业市场中，创新已成为一项至关重要的竞争优势。拥有创新能力的个体不仅能够在职业发展中占据先机，还能在激烈的市场竞争中脱颖而出。下面将从四个方面详细分析创新在职业市场中的竞争优势。

（一）独特的价值主张

在职业市场中，拥有创新能力的个体能够提出独特的价值主张，满足市场和雇主的特定需求。他们通过不断学习和探索，能够发现市场中的新机会和潜在需求，从而开发出具有创新性的产品或服务。这种独特的价值主张使得他们在求职和工作中更具吸引力，成为雇主争相招募的对象。

例如，在技术领域，具备创新能力的软件工程师能够开发出具有独特功能和用户体验的应用软件，满足用户的个性化需求。这种创新能力不仅为他们带来了技术上的竞争优势，还使他们在职业市场上更具吸引力。

此外，创新能力还能够帮助个体在职业发展中持续创造新的价值。他们通过不断挑战自我和突破常规，能够发现新的机会和领域，为自己创造更多的职业发展空间。

（二）快速适应变化的能力

职业市场的变化速度日益加快，只有具备快速适应变化的能力，个体才能在竞争中立于不败之地。拥有创新能力的个体能够敏锐地捕捉到市场、技术和行业的变化趋势，及时调整自己的职业规划和发展方向。他们具备灵活的思维方式和学习能力，能够快速掌握新的知识和技能，适应新的工作环境和任务要求。

例如，在市场营销领域，具备创新能力的营销人员能够敏锐地捕捉到市场变化，及时调整营销策略和手段。他们通过运用创新思维方法，如大数据分析、社交媒体营销等，能够更好地满足客户需求，提升品牌知名度和美誉度。这种快速适应变化的能力使得他们在职业市场中更具竞争力。

（三）创新解决问题的能力

在职场中，问题和挑战是不可避免的。拥有创新能力的个体能够运用创新思维方法，从多个角度和层面分析问题，找到问题的根源和解决方案。他们具备独特的思维方式和创新性的思维方法，能够提出新颖的解决方案，解决复杂和棘手的问题。

例如，在项目管理领域，具备创新能力的项目经理能够运用创新思维方法，如敏捷开发、精益管理等，优化项目管理流程和方法。他们通过持续改进和创新，能够提高项目的执行效率和质量，降低项目成本和风险。这种创新解决问题的能力使得他们在项目管理领域更具竞争力。

（四）创造新的机会和领域

创新不仅仅是解决现有问题的手段，更是创造新机会和领域的重要途径。拥有创新能力的个体能够发现市场中的新机会和潜在需求，开发出具有创新性的产品或服务，为企业和个人创造更多的商业价值和社会价值。

例如，在创业领域，具备创新能力的创业者能够发现市场中的新机会和潜在需求，开发出具有创新性的产品或服务。他们通过不断试错和迭代，逐渐找到适合市场的商业模式和运营策略。这种创新能力不仅为他们带来了创业成功的机会，还为整个行业带来了新的发展机遇和变革动力。

综上所述，创新在职业市场中的竞争优势主要体现在独特的价值主张、快速适应变化的能力、创新解决问题的能力以及创造新的机会和领域等方面。这些优势使得具备创新能力的个体在职业发展中更具竞争力，能够在激烈的市场竞争中脱颖而出。

三、创新对职业发展的长远影响

创新是驱动个人职业持续发展的关键要素，它不仅仅为个体带来短期的竞争优势，更对职业发展的长远影响具有深远意义。下面将从四个方面详细分析创新对职业发展的长远影响。

（一）塑造持续学习的文化

创新需要不断的学习与探索，因此，具备创新能力的个体往往能够形成持续学习的文化。他们深知知识更新的重要性，并始终保持对新知识的渴望和追求。这种持续学习的文化使得个体能够不断吸收新的知识和技能，为职业发展提供源源不断的动力。

长远来看，持续学习的文化将帮助个体在职业生涯中保持领先地位。随着技术的不断进步和市场的不断变化，只有不断学习、不断创新的个体才能跟上时代的步伐，适应职业发展的新要求。通过持续学习，个体能够不断拓宽自己的知识领域，提高自己的综合素质，为职业发展奠定坚实的基础。

（二）增强适应变化的能力

创新要求个体具备适应变化的能力，这种能力在职业发展的长远过程中尤为重要。随着职业生涯的不断发展，个体将面临越来越多的挑战和变化。只有具备适应变化的能力，个体才能在变化中寻求机遇，实现职业发展的突破。

创新能力的培养将帮助个体提高适应变化的能力。通过不断地学习、尝试和实践，个体将逐渐学会如何应对各种变化和挑战。他们将具备敏锐的洞察力和判断力，能够及时发现市场、技术和行业的变化趋势，并采取相应的行动来应对这些变化。这种适应变化的能力将使个体在职业发展中更具竞争力，能够在变化中不断成长和进步。

（三）拓宽职业发展空间

创新能够为个体带来独特的竞争优势，进而拓宽职业发展空间。在职业市场中，具备创新能力的个体往往能够吸引更多的机会和资源，为自己创造更多的发展机会。同时，创新还能够为个体带来跨界合作的机会，帮助他们拓展职业领域和视野。

长远来看，创新将帮助个体实现职业发展的多元化和全面化。通过创新，个体将能够涉足不同的领域和行业，掌握更多的知识和技能。这种多元化的职业发展将使个体具备更广阔的视野和更强的综合能力，为他们带来更多的职业选择和机会。同时，创新还能够激发个体的创造力和想象力，帮助他们发现新的机会和领域，为职业发展注入新的活力。

（四）提升职业满意度和成就感

创新不仅能够为个体带来职业发展的成功和成果，还能够提升他们的职业满意度和成就感。通过创新，个体将能够解决复杂和棘手的问题，为企业和社会创造更多的价值。这种成就感将激励个体继续追求卓越和创新，为职业发展注入更多的动力。

同时，创新还能够为个体带来更高的职业满意度。通过不断地学习、探索和实践，个体将能够逐渐找到自己的兴趣和擅长领域，并在这些领域实现自己的价值和梦想。这种职业满意度将使个体更加热爱自己的工作和生活，为职业发展带来更多的正能量和动力。

综上所述，创新对职业发展的长远影响主要体现在塑造持续学习的文化、增强适应变化的能力、拓宽职业发展空间以及提升职业满意度和成就感等方面。这些影响将使个体在职业发展中更具竞争力和活力，实现更加美好和成功的职业生涯。

四、创新在应对职业挑战中的重要性

在当今日新月异的职业环境中，个体面临着前所未有的挑战，从技术的迅速发展到市场需求的不断变化，再到职业竞争的日益激烈。在这一背景下，创新的重要性越发凸显，成为应对职业挑战的关键。下面将从四个方面详细分析创新在应对职业挑战中的重要性。

（一）打破传统思维框架

在面对职业挑战时，个体往往受到传统思维框架的束缚，难以找到有效的解决方案。而创新能够打破这种框架，提供全新的思考角度和方法。通过创新思维，个体能够跳出固有的思维模式，从多个角度审视问题，发现问题的本质和关键点。这种全新的思考方式将帮助个体在应对职业挑战时更加灵活和高效，找到更加切实可行的解决方案。

例如，在市场营销领域，随着数字媒体的兴起和消费者行为的变化，传统的营销策略已经难以奏效。具备创新思维的营销人员能够利用大数据、社交媒体等新技术手段，开展精准营销和个性化服务，以满足消费者的个性化需求。这种创新的营销策略不仅提高了营销效果，还为企业带来了更多的商业机会。

（二）驱动个人成长与进步

创新不仅仅是一种思维方式，更是一种驱动个人成长和进步的力量。在应对职业挑战的过程中，个体需要不断学习和探索新的知识和技能，以提升自己的综合素质和竞争力。而创新将激发个体的求知欲和好奇心，推动他们不断地学习和实践。

通过创新实践，个体将能够不断挑战自我、突破自我，实现个人能力和价值的提升。这种成长和进步将使个体在职业竞争中更具优势，能够更好地应对各种挑战和机遇。同时，创新还能够激发个体的创造力和想象力，帮助他们发现新的机会和领域，为职业发展注入新的活力。

（三）增强个人适应性和韧性

在职业发展中，个体难免会遇到各种挫折和困难。而创新能够帮助个体增强适应性和韧性，更好地应对这些挑战。通过创新思维，个体能够灵活地调整自己的思维方式和行为模式，以适应不断变化的环境和需求。同时，创新还能够激发个体的创造力和想象力，帮助他们从困境中寻找新的机会和解决方案。

在面对职业挑战时，具备创新能力的个体将能够更快地适应新的环境和任务要求，更加从容地应对各种挑战和困难。这种适应性和韧性将使个体在职业发展中更具竞争力，能够在不断变化的市场环境中保持领先地位。

（四）构建独特的竞争优势

在竞争激烈的职场环境中，具备创新能力的个体将能够构建独特的竞争优势。通过创新，个体能够提出新颖的观点和解决方案，为企业创造更多的价值和贡献。这种独特的贡献和价值将使个体在团队中脱颖而出，成为企业不可或缺的人才。

同时，创新还能够为个体带来独特的职业品牌和形象。通过不断地创新实践，个体将能够形成自己独特的思维方式和行为模式，展现出与众不同的职业魅力和风采。这种独特的职业品牌和形象将使个体在职业市场中更具吸引力，为职业发展带来更多的机会和可能性。

综上所述，创新在应对职业挑战中的重要性不言而喻。通过打破传统思维框架、驱动个人成长与进步、增强个人适应性和韧性以及构建独特的竞争优势，创新将帮助个体更好地应对职业挑战，实现更加美好和成功的职业生涯。

第五节　创新精神对个人与社会的贡献

一、创新精神对个人职业成功的推动作用

在职业发展的道路上，创新精神对个人职业成功的推动作用不容忽视。它不仅能够激发个人的潜能和创造力，还能在多个方面为个人的职业成功提供有力支持。下面将从四个方面详细分析创新精神对个人职业成功的推动作用。

（一）激发个人潜能与创造力

创新精神的首要作用在于激发个人的潜能与创造力。在职业生涯中，每个人都拥有独特的天赋和才能，但往往因为缺乏创新思维的引导而未能充分发挥。创新精神能够激发个体对未知的渴望和探索精神，鼓励他们跳出传统框架，尝试新的思路和方法。这种不断挑战自我、突破极限的过程，有助于个体发掘自身的潜能，并在此基础上创造出具有独特价值的成果。

例如，在科技领域，具备创新精神的工程师能够不断尝试新的技术路线和设计理念，从而开发出更加先进、实用的产品。这种创造力不仅为他们赢得了业界的认可，也为他们的职业生涯注入了源源不断的动力。

（二）提升个人竞争力与适应能力

在竞争激烈的职场环境中，具备创新精神的个体往往具有更强的竞争力。他们不仅能够快速适应新的工作环境和任务要求，还能在复杂多变的市场环境中寻找新的机会和解决方案。这种适应能力和创新能力使他们在面对职业挑战时更加从容不迫、游刃有余。

此外，创新精神还能够帮助个体在职业生涯中保持领先地位。随着技术的不断进步和市场的不断变化，只有具备创新能力的个体才能不断推陈出新、引领潮流。这种领先的地位将使他们在职业竞争中更具优势，为职业成功打下坚实的基础。

（三）促进个人职业发展与成长

创新精神对个人职业发展与成长具有积极的推动作用。通过不断地创新实践，个体能够积累丰富的经验和知识，提升自身的综合素质和能力水平。这种成长和进步将使他们在职业生涯中更具竞争力，能够更好地应对各种挑战和机遇。

同时，创新精神还能够为个体提供更多的职业选择和发展机会。具备创新能力的个体往往具有更加广阔的视野和更强的适应能力，能够涉足不同的领域和行业。这种多元化的职业发展将使他们的职业生涯更加丰富多彩、充满活力。

（四）塑造个人品牌与影响力

创新精神有助于个体塑造独特的个人品牌和影响力。在职业生涯中，每个人都需要建立自己的品牌形象和影响力，以吸引更多的机会和资源。而创新精神正是塑造个人品牌的关键因素之一。

通过不断地创新实践，个体能够展现出自己的独特思维方式和创造力，形成具有个人特色的职业风格和品牌形象。这种独特的品牌形象将使他们在职业市场中更具吸引力，赢得更多的信任和支持。同时，创新精神还能够增强个体的影响力，使他们在团队中成为引领者和核心人物，为职业发展创造更多的机遇和价值。

二、创新精神在团队协作中的积极影响

在团队协作中，创新精神具有极其重要的价值，它不仅能够激发团队成员的积极性和创造力，还能够推动团队向更高效、更具竞争力的方向发展。下面将从四个方面详细分析创新精神在团队协作中的积极影响。

（一）激发团队活力与创造力

创新精神能够极大地激发团队的活力与创造力。在团队协作中，每个成员都拥有自己独特的思维方式和专业技能，但往往因为缺乏创新思维的引导而未能充分发挥。当团队中弥漫着创新精神时，成员们将不再满足于现状，而是会积极寻求新的思路和方法，不断挑战自我和突破极限。这种氛围将激

发团队成员的创造潜能，使他们能够提出更多具有创新性的想法和解决方案，为团队的发展注入源源不断的活力。

例如，在产品开发团队中，具备创新精神的成员会不断尝试新的技术路线和设计理念，推动产品的不断创新和升级。这种创新不仅提高了产品的竞争力，也增强了团队的凝聚力和向心力。

（二）促进团队成员间的交流与协作

创新精神能够促进团队成员间的交流与协作。在创新过程中，团队成员需要共同讨论、分享想法和解决问题。这种交流和协作不仅能够增进彼此之间的了解和信任，还能够促进知识的共享和经验的积累。通过不断地交流和协作，团队成员将能够形成更加紧密的合作关系，共同应对各种挑战和机遇。

同时，创新精神还能够激发团队成员的参与感和归属感。当团队成员意识到自己的创新想法和贡献被重视和认可时，他们将更加积极地参与到团队协作中来，为团队的成功贡献自己的力量。

（三）提升团队决策效率与执行力

创新精神能够提升团队的决策效率和执行力。在团队协作中，决策和执行是至关重要的环节。当团队具备创新精神时，成员们将能够更加灵活地思考问题，提出更加具有创新性的解决方案。这将使团队在面临复杂多变的市场环境时能够迅速做出决策，并有效地执行这些决策。

同时，创新精神还能够促进团队成员对决策的认同感和执行力。当团队成员共同参与到决策过程中来，并共同认可这些决策时，他们将更加积极地执行这些决策，确保团队目标的实现。这种高效的决策和执行能力将使团队在竞争中更具优势。

（四）增强团队竞争力与适应能力

创新精神能够增强团队的竞争力和适应能力。在竞争激烈的市场环境中，只有具备创新能力的团队才能不断推陈出新、引领潮流。当团队具备创新精神时，成员们将能够不断提出新的想法和解决方案，推动团队向更高效、更具竞争力的方向发展。

同时,创新精神还能够增强团队的适应能力。在面临市场变化和技术更新时,具备创新精神的团队将能够迅速调整自己的战略和战术,以适应新的环境和要求。这种适应能力将使团队在竞争中更具韧性,能够在不断变化的市场环境中保持领先地位。

综上所述,创新精神在团队协作中具有极其重要的价值。它不仅能够激发团队的活力与创造力,促进团队成员间的交流与协作,还能够提升团队的决策效率和执行力,增强团队的竞争力和适应能力。因此,在团队协作中积极培养创新精神是非常必要的。

三、创新精神对企业发展的贡献

在快速变化的商业环境中,创新精神已成为企业持续发展的关键驱动力。它不仅能够推动企业不断突破自我,还能帮助企业抓住市场机遇,实现跨越式发展。下面将从四个方面详细分析创新精神对企业发展的贡献。

(一)推动产品与服务创新

创新精神首先体现在企业的产品与服务创新上。在竞争激烈的市场中,只有不断推出新颖、有竞争力的产品和服务,企业才能吸引消费者的眼球,保持市场份额。创新精神能够激励企业不断投入研发,探索新的技术、材料和设计,从而创造出具有差异化优势的产品和服务。这些创新产品不仅能够满足消费者的多样化需求,还能为企业带来更高的利润和市场份额。

例如,智能手机行业的领军企业通过不断创新,推出了具有更高性能、更美观设计和更智能功能的新产品,从而吸引了大量消费者。这些创新产品不仅提升了企业的品牌形象,还为企业带来了可观的收入。

(二)优化企业运营与管理

创新精神还能够优化企业的运营与管理。在传统的管理模式下,企业往往遵循固定的流程和规则,难以应对市场变化。而具备创新精神的企业能够灵活调整运营策略,优化管理流程,提高效率和效益。通过引入新的管理工具和技术,企业能够实现对资源的更高效利用,降低成本,提高盈利能力。

同时,创新精神还能够推动企业内部的创新文化建设。这种文化鼓励员工提出新的想法和建议，激发员工的创造力和积极性。在这样的环境下，企业能够不断涌现出创新成果，推动企业的持续发展。

（三）增强企业市场竞争力

创新精神能够显著增强企业的市场竞争力。在激烈的市场竞争中，只有具备创新能力的企业才能脱颖而出，赢得市场份额。创新精神使企业能够迅速捕捉市场变化，调整战略方向，抓住新的商业机遇。通过不断创新，企业能够形成独特的竞争优势，提高市场份额和盈利能力。

此外，创新精神还能够增强企业的品牌影响力。具有创新精神的企业往往能够引领行业潮流，成为消费者心目中的标杆。这种品牌影响力将为企业带来更多的商业机会和合作伙伴，进一步推动企业的发展。

（四）促进企业可持续发展

创新精神对企业可持续发展的贡献不可忽视。随着环保意识的不断提高和可持续发展理念的普及，企业需要承担更多的社会责任。而创新精神能够帮助企业实现绿色生产、低碳发展，减少对环境的负面影响。通过引入新技术和环保材料，企业能够降低能耗、减少排放，实现可持续发展。

同时，创新精神还能够推动企业不断探索新的商业模式和增长点。在数字化、智能化的时代背景下，企业需要不断寻求新的商业模式和增长点以保持竞争优势。创新精神将激励企业不断创新尝试，探索新的市场领域和商业模式，为企业带来更加广阔的发展空间。

综上所述，创新精神对企业发展具有极其重要的贡献。它不仅能够推动产品与服务创新、优化企业运营与管理、增强企业市场竞争力，还能促进企业可持续发展。因此，企业应积极培养创新精神，不断推动创新实践，以实现持续、健康、稳定的发展。

四、创新精神对社会进步的推动作用

创新精神是推动社会进步的重要力量，它不断激发人们的潜能，推动科技、文化、经济等各个领域的发展，从而塑造一个更加繁荣、和谐和进步的社会。下面将从四个方面详细分析创新精神对社会进步的推动作用。

（一）推动科技进步与知识创新

创新精神是科技进步和知识创新的重要源泉。在科学技术领域，创新精神激励科学家们不断挑战未知，勇于探索新的理论和技术。这种精神推动了基础科学的突破，为应用技术的发展提供了坚实的理论支撑。同时，创新精神也推动了技术创新和产业升级，促进了新技术、新工艺和新产品的不断涌现，为社会生产力的提升和经济发展提供了强大的动力。

例如，在信息技术领域，创新精神推动了互联网的快速发展，改变了人们的沟通方式和生活方式；在生物科技领域，创新精神推动了基因编辑、疫苗研发等领域的突破，为人类健康提供了有力保障。这些科技进步不仅提升了人类的生活质量，也为社会的可持续发展提供了有力支撑。

（二）促进文化繁荣与多元发展

创新精神对于文化繁荣和多元发展具有积极的推动作用。在文化领域，创新精神鼓励人们不断尝试新的艺术表现形式和文化交流方式，促进了文化的多样性和丰富性。这种精神推动了文学、艺术、影视等各个领域的创新和发展，为人们提供了更多元化的文化享受和精神食粮。

同时，创新精神也促进了不同文化之间的交流和融合。在全球化的背景下，各种文化之间的交流和碰撞日益频繁。创新精神使人们更加开放和包容，愿意接受和欣赏不同文化之间的差异和特色，促进了文化多样性的发展和繁荣。这种文化交流和融合有助于消除偏见和误解，增进不同民族和地区之间的友谊和合作。

（三）推动经济持续增长与结构优化

创新精神对于经济持续增长和结构优化具有重要的作用。在经济领域里，创新精神是推动经济发展的重要动力之一。它激励企业不断创新、提高效率、降低成本、拓展市场，从而增强竞争力并创造更多的就业机会。同时，创新精神也推动了新兴产业的发展和传统产业的转型升级，促进了经济结构的优化和升级。

这种经济结构的优化和升级有助于提高经济增长的质量和效益，推动经济从高速增长阶段转向高质量发展阶段。同时，创新精神也促进了创新型人才的培养和引进，为经济的可持续发展提供了有力的人才保障。

（四）促进社会公平与和谐发展

创新精神对于促进社会公平和谐发展也具有重要的作用。在社会领域里，创新精神鼓励人们关注社会问题、探索解决方案、推动社会进步。这种精神推动了教育、医疗、环保等各个领域的创新和发展，为人们提供了更加公平、优质、便捷的服务。

同时，创新精神也促进了社会公平和正义的实现。它鼓励人们关注弱势群体和贫困地区的发展问题，推动政府和社会各界加强扶贫帮困和公益慈善事业的建设。这种关注和支持有助于缩小社会差距、缓解社会矛盾、促进社会和谐稳定的发展。

综上所述，创新精神对社会进步的推动作用是多方面的。它推动了科技进步与知识创新、推动了经济持续增长与结构优化，促进了社会公平与和谐发展文化繁荣与多元发展。因此，我们应该积极弘扬创新精神，鼓励人们勇于探索、敢于创新，共同推动社会的不断进步和发展。

第六章　职业素养中的学习态度

第一节　学习态度与职业成长

一、学习态度的定义与重要性

（一）学习态度的定义

学习态度，是指个体在学习过程中所持有的相对稳定的心理倾向和行为表现。它涵盖了学习者对学习本身、学习内容、学习方法及学习结果等方面的认知、情感和行为反应。一个积极的学习态度意味着学习者对学习充满热情，愿意主动投入时间和精力去探索和掌握知识，同时能够在面对学习困难时保持耐心和毅力。

在职业成长的过程中，学习态度的重要性不言而喻。一个具备积极学习态度的个体，能够更好地适应不断变化的职业环境，不断提升自己的专业能力和职业素养，从而在职场上获得更大的发展空间和竞争优势。

（二）学习态度的重要性——认知层面

从认知层面来看，学习态度影响着个体对学习的理解和看法。一个积极的学习态度能够促使个体对学习产生浓厚的兴趣和好奇心，从而更加主动地寻求和获取知识。同时，积极的学习态度还能够增强个体的学习自信心，使其在面对学习挑战时更加从容和自信。

在职业成长中，这种认知层面的学习态度能够帮助个体不断拓宽自己的知识视野，提高专业素养，增强职业竞争力。例如，在面对新兴技术或行业趋势时，具备积极学习态度的个体能够迅速适应并掌握相关知识，从而在职场上占据先机。

（三）学习态度的重要性——情感层面

从情感层面来看，学习态度影响着个体在学习过程中的情感体验。一个积极的学习态度能够使个体在学习过程中感受到快乐和满足，从而更加愿意投入时间和精力去学习。同时，积极的学习态度还能够增强个体的学习动力和毅力，使其在面对学习困难时更加坚定和执着。

在职业成长中，这种情感层面的学习态度能够帮助个体保持对工作的热爱和激情，提高工作效率和创造力。例如，在面对工作压力和挑战时，具备积极学习态度的个体能够保持积极的心态和情绪状态，从而更好地应对各种困难和挑战。

（四）学习态度的重要性——行为层面

从行为层面来看，学习态度影响着个体在学习过程中的行为表现。一个积极的学习态度能够促使个体采取更加主动和积极的学习方式和方法，如主动寻求学习资源、积极参与课堂讨论、勤于思考和总结等。同时，积极的学习态度还能够促使个体在学习过程中保持高度的自律性和责任感，确保学习任务的顺利完成。

在职业成长中，这种行为层面的学习态度能够帮助个体更好地应对职业挑战和变化。例如，在面对新的工作任务或项目时，具备积极学习态度的个体能够迅速掌握相关知识和技能，高效完成任务，从而赢得同事和上级的信任和认可。

二、学习态度对职业成长的影响

（一）学习态度与职业技能的提升

学习态度对职业技能的提升具有深远影响。一个积极的学习态度能够促使个体不断追求专业知识和技能的提升，这种持续的学习动力是职业成长的关键。在职业发展中，个体需要不断适应新的工作环境和技术要求，这就需要具备持续学习的能力。积极的学习态度能够使个体主动寻求学习机会，如参加培训课程、阅读专业书籍、参与行业交流等，从而不断提升自己的职业技能水平。

此外，积极的学习态度还能够帮助个体更好地理解和掌握新知识，提高学习效率。在学习过程中，个体可能会遇到各种困难和挑战，但积极的学习态度能够激发个体的求知欲和探索精神，使其更加努力地寻找解决问题的方法。这种不断探索和学习的精神能够使个体在职业技能上不断取得进步，为职业成长打下坚实的基础。

（二）学习态度与职业适应性的增强

学习态度对职业适应性的增强也有重要作用。随着职业环境的不断变化，个体需要具备较强的适应能力来应对各种挑战。积极的学习态度能够使个体更加关注职业环境的变化，主动了解行业趋势和市场需求，从而及时调整自己的职业规划和发展方向。

同时，积极的学习态度还能够增强个体的创新能力和解决问题的能力。在职业发展中，个体可能会遇到各种未知的问题和挑战，需要具备较强的创新能力和解决问题的能力来应对。积极的学习态度能够激发个体的创新思维和解决问题的能力，使其更加从容地面对各种挑战和困难。这种适应性和创新能力的增强能够使个体在职业发展中更加灵活和高效，为职业成长提供更多的机会和可能性。

（三）学习态度与职业发展的动力

学习态度对职业发展的动力也有重要影响。一个积极的学习态度能够使个体保持对职业发展的热情和动力，不断追求更高的职业目标和更好的职业发展。在职业发展中，个体需要不断面对各种挑战和困难，只有保持积极的学习态度，才能够持续不断地追求进步和发展。

同时，积极的学习态度还能够使个体更加关注自己的职业成长和发展规划。在职业发展中，个体需要明确自己的职业目标和发展方向，并制订相应的职业规划。积极的学习态度能够使个体更加关注自己的职业规划和发展方向，不断学习和提升自己的能力和素质，为职业发展奠定更加坚实的基础。

（四）学习态度与职业声誉的建立

学习态度对职业声誉的建立也有重要影响。一个积极的学习态度能够使个体在职业发展中展现出更加优秀的职业素养和专业能力，从而赢得同事、上级和客户的信任和尊重。在职业发展中，个体的声誉和口碑是其职业成功的重要因素之一。只有具备积极的学习态度，个体才能够在职业发展中展现出更加优秀的职业素养和专业能力，赢得更多的信任和尊重。

同时，积极的学习态度还能够使个体更加关注自己的职业道德和职业操守。在职业发展中，个体需要遵守职业道德和职业操守，维护自己的职业声誉和形象。积极的学习态度能够使个体更加关注自己的职业道德和职业操守，不断提高自己的职业素养和道德水平，为职业声誉的建立奠定更加坚实的基础。

三、积极学习态度在职业发展中的优势

（一）持续竞争力与适应性

在快速变化的职业环境中，积极的学习态度赋予了个人持续竞争力与适应性。一个拥有积极学习态度的职场人士，会不断地追求新知识、新技能，以适应行业发展的最新趋势。这种持续的学习动力使他们能够迅速掌握新技术、新工具，从而在职业竞争中保持领先。

此外，积极的学习态度还能够帮助个体在职业变化中保持灵活性。当面对职业转型或岗位调整时，他们能够快速适应新的工作环境和角色要求，展现出强大的适应能力。这种适应性使他们能够在职业发展的道路上更加从容和自信，面对挑战时更加游刃有余。

在职业发展中，持续竞争力和适应性是不可或缺的。只有不断学习、不断进步，才能够在激烈的竞争中立于不败之地。而积极的学习态度，正是实现这一目标的关键所在。

（二）高效解决问题的能力

积极的学习态度有助于个体培养高效解决问题的能力。在面对复杂的工作问题时，积极的学习者会主动寻求解决方案，通过查阅资料、请教专家等

方式，不断积累经验和知识。这种不断学习和探索的精神，使他们能够更快地找到问题的根源，提出有效的解决方案。

同时，积极的学习态度还能够激发个体的创新思维。在解决问题的过程中，他们不满足于传统的解决方案，而是会尝试从多个角度、多个层面去思考问题，寻找更加创新、更加高效的解决方法。这种创新思维能够使他们在职业发展中更具竞争力，为企业创造更大的价值。

（三）良好的人际关系与团队协作

积极的学习态度还有助于个体建立良好的人际关系和团队协作能力。一个愿意学习、愿意分享的人，更容易赢得同事和上级的信任和尊重。在团队中，他们会积极参与讨论、分享经验，与团队成员共同成长和进步。这种良好的人际关系和团队协作能力，能够使他们在职业发展中更加顺利和成功。

此外，积极的学习态度还能够使个体更加关注团队合作和集体利益。在团队中，他们不会仅仅关注自己的个人利益，而是会积极为团队的整体目标做出贡献。这种团队精神能够使他们在团队中更加受欢迎和认可，为职业发展创造更多的机会和可能性。

（四）更强的自我驱动力与职业规划

积极的学习态度能够激发个体的自我驱动力和职业规划能力。一个拥有积极学习态度的职场人士，会主动设定自己的职业目标和发展规划，并为之付出努力。他们会不断地学习、提升自己，以实现自己的职业理想。

同时，积极的学习态度还能够使个体更加关注自己的职业发展和成长。他们会定期反思自己的职业表现和发展方向，并根据实际情况进行调整和优化。这种自我驱动力和职业规划能力能够使他们在职业发展中更加主动和积极，为自己的未来创造更多的机会和可能性。

总之，积极的学习态度在职业发展中具有巨大的优势。它能够赋予个体持续竞争力与适应性、高效解决问题的能力、良好的人际关系与团队协作能力以及更强的自我驱动力与职业规划能力。这些优势将使个体在职业发展中更加成功和出色。

四、消极学习态度对职业发展的阻碍

(一) 知识技能的滞后与竞争力下降

消极的学习态度往往导致个体在知识技能的更新和获取上滞后于行业发展的步伐。在快速变化的职业环境中，新技术、新工具不断涌现，而消极的学习者往往满足于现状，不愿意主动去了解和学习新知识。这种滞后不仅使他们在职业技能上逐渐落后于同行，更可能导致他们在面对职业挑战时缺乏必要的应对能力，从而使竞争力大幅下降。

此外，消极的学习态度还可能导致个体在职业发展中错失机会。当新的职业机会出现时，往往伴随着新的要求和挑战。然而，消极的学习者由于缺乏必要的知识和技能，往往难以胜任这些新机会。长此以往，他们将逐渐失去在职业市场上的竞争力，错失职业发展的良机。

(二) 问题解决能力的局限与创新能力不足

消极的学习态度往往使个体在问题解决上表现出局限性和创新能力不足。在面对工作问题时，消极的学习者往往缺乏主动寻求解决方案的动力，而是习惯于依赖过去的经验或他人的指导。这种依赖性使他们难以从多个角度、多个层面去思考问题，导致在问题解决上缺乏创新和高效性。

同时，消极的学习态度还可能抑制个体的创新思维。在职业发展中，创新思维是不可或缺的。然而，消极的学习者由于缺乏对新知识的渴望和追求，往往难以打破思维定式，产生新的想法和观点。这种创新思维的不足将严重限制他们在职业发展中的潜力和空间。

(三) 人际关系紧张与团队协作困难

消极的学习态度还可能导致个体在人际关系和团队协作上出现问题。一个不愿意学习、不愿意分享的人往往难以赢得同事和上级的信任和尊重。在团队中，他们可能会因为缺乏合作精神而导致团队氛围紧张，甚至引发冲突和矛盾。这种紧张的人际关系将严重影响他们在团队中的表现和职业发展。

此外，消极的学习态度还可能使个体在团队协作中缺乏必要的支持和帮助。在团队中，成员之间需要相互学习、相互支持才能共同成长和进步。然而，消极的学习者往往缺乏这种合作精神，不愿意向他人请教或分享自己的经验。这种孤立无援的状态将使他们在团队协作中难以发挥自己的优势和潜力。

（四）缺乏自我驱动力与职业规划模糊

消极的学习态度往往导致个体缺乏自我驱动力和职业规划的模糊性。一个消极的学习者往往缺乏对自己职业发展的明确目标和规划，导致在职业发展中缺乏方向和动力。他们可能会陷入职业发展的迷茫和困境中，难以找到适合自己的职业道路和发展方向。

同时，消极的学习态度还可能使个体缺乏自我驱动力。在职业发展中，自我驱动力是推动个体不断前进的重要动力。然而，消极的学习者往往缺乏这种动力，对职业发展缺乏热情和兴趣。他们可能会在工作中表现出敷衍塞责、消极怠工的状态，严重影响工作效率和职业发展的前景。

第二节 终身学习的理念与实践

一、终身学习的理念与意义

（一）适应快速变化的社会需求

随着科技的不断进步和全球化的加速推进，社会正在以前所未有的速度变化。传统的教育体系和职业结构正在发生深刻变革，新兴行业和职业不断涌现，对人才的需求也日益多元化和复杂化。在这样的背景下，终身学习的理念应运而生，它强调个体在职业生涯中应持续不断地学习新知识、新技能，以适应社会的快速变化。

终身学习不仅关注个体的职业成长，更强调个体在社会生活中的全面发展。通过不断学习，个体能够拓宽视野、增强能力，更好地适应社会的需求和挑战。这种适应性不仅体现在职业技能上，更体现在个人的综合素质和创新能力上。因此，终身学习的理念对于个体适应快速变化的社会需求具有重要意义。

（二）提升个人竞争力与自我价值

在竞争激烈的现代社会中，个人竞争力是衡量一个人成功与否的重要标志。终身学习理念鼓励个体持续不断地学习新知识、新技能，不断提升自己的综合素质和专业技能。这种持续的学习过程能够使个体在职业竞争中保持领先地位，增强自己的竞争力。

同时，终身学习还能够提升个体的自我价值。通过不断学习，个体能够不断挑战自我、超越自我，实现自我价值的最大化。这种自我价值的提升不仅能够增强个体的自信心和满足感，还能够激发个体不断追求更高目标的动力和热情。

（三）促进个人成长与全面发展

终身学习不仅关注个体的职业成长，更强调个体的全面发展和成长。在终身学习的过程中，个体能够接触到更广泛的知识领域和不同的文化观念，从而拓宽自己的视野和思维方式。这种多元化的学习经历能够使个体更加全面、深入地认识自己和世界，促进个人的成长和全面发展。

此外，终身学习还能够培养个体的学习能力和创新精神。在持续学习的过程中，个体需要不断适应新的学习环境和挑战，这种过程能够锻炼个体的学习能力和适应能力。同时，终身学习也鼓励个体不断尝试新的方法和思路，培养创新精神和实践能力。这些能力和素质对于个体的成长和全面发展具有重要意义。

（四）推动社会进步与发展

终身学习理念不仅对个人发展具有重要意义，也对社会进步和发展产生深远影响。通过推动个体不断学习、不断进步，终身学习能够促进社会整体的知识水平和技能水平的提高。这种提高不仅能够为社会创造更多的价值和财富，还能够推动社会不断向前发展。

同时，终身学习还能够促进社会的创新和进步。在终身学习的过程中，个体能够不断产生新的想法和观点，推动社会在各个领域不断创新和发展。这种创新和进步是推动社会不断前进的动力源泉，也是实现社会可持续发展的关键。因此，终身学习的理念对于推动社会进步和发展具有重要意义。

二、终身学习在职业发展中的应用

（一）提升职业技能与竞争力

在职业发展中，终身学习扮演着至关重要的角色。首先，它能够帮助个体不断提升职业技能，以应对职业领域的不断变化和挑战。随着技术的不断发展和行业的不断演进，许多传统的职业角色和技能正在逐渐消失或被取代，而新的职业机会和技能需求则不断涌现。因此，个体需要通过终身学习来不断更新自己的知识和技能，以确保自己在职业市场中保持竞争力。

终身学习在提升职业技能方面的应用表现在多个方面。例如，个体可以通过参加专业培训课程、学习在线课程或参与行业研讨会等方式，获取最新的职业知识和技能。同时，他们还可以通过阅读行业报告、关注行业动态和参与实际工作项目等方式，不断加深对职业领域的理解和认识。这些学习活动不仅能够提升个体的专业技能水平，还能够增强他们的自信心和竞争力，使他们在职业发展中更加从容和自信。

（二）拓宽职业视野与机会

终身学习还能够帮助个体拓宽职业视野和机会。通过不断学习新知识、新技能和新领域，个体能够接触到更广泛的职业领域和机会，从而为自己的职业发展创造更多的可能性。这种拓宽职业视野的过程不仅有助于个体发现新的职业兴趣和方向，还能够为他们提供更多的职业选择和机会。

在拓宽职业视野方面，终身学习的应用同样表现在多个方面。例如，个体可以通过学习跨领域的课程或参与多元化的项目，了解不同领域的知识和技能，从而为自己的职业发展打开更多的门路。同时，他们还可以通过参加行业交流活动、加入专业组织或参与志愿服务等方式，扩大自己的社交圈子和人脉资源，为职业发展创造更多的机会和平台。

（三）增强职业适应性与灵活性

终身学习还能够增强个体的职业适应性和灵活性。在职业生涯中，个体可能会面临各种职业挑战和变化，如职位变动、行业调整或职业转型等。这些变化需要个体具备强大的适应性和灵活性来应对。而终身学习正是培养这种适应性和灵活性的重要途径。

通过终身学习，个体可以不断学习和掌握新的知识和技能，以适应职业发展的变化和需求。同时，他们还可以通过学习新的思维方式和解决问题的方法，提高自己的应变能力和创新能力。这些能力和素质对于个体在职业生涯中应对各种挑战和变化具有重要意义。

（四）塑造持续学习与成长的职业态度

终身学习还能够塑造个体持续学习与成长的职业态度。在职业发展中，持续学习与成长是一种重要的职业态度和价值观。它要求个体始终保持对学习的热情和追求，不断追求新的知识和技能，以实现自我提升和职业发展。

通过终身学习，个体可以培养这种持续学习与成长的职业态度。他们可以通过设定学习目标、制订学习计划、参与学习活动等方式，不断推动自己的学习和成长。同时，他们还可以通过反思和总结自己的学习过程，发现自己的不足和改进空间，从而不断提高自己的学习效率和质量。这种持续学习与成长的职业态度将使个体在职业发展中更加主动和积极，为自己的职业发展创造更多的机会和可能性。

三、构建终身学习体系的方法

（一）建立个人学习规划与目标

构建终身学习体系的首要步骤是建立个人学习规划与目标。每个人在职业生涯中都应有明确的职业发展规划和学习目标，这是驱动持续学习的内在动力。首先，个体需要对自己进行全面的评估，了解自己的职业兴趣、优势和不足。接着，基于职业发展的需要和市场的趋势，设定具体的学习目标，这些目标应该具有可衡量性和可达成性。

在制订个人学习规划时，应考虑不同时间段的学习任务和时间安排。例如，可以将长期目标分解为短期目标，并为每个短期目标设定具体的学习计划和时间表。此外，学习规划应具有灵活性，以便根据实际情况进行调整。

建立个人学习规划与目标的意义在于，它能够帮助个体明确自己的学习方向，提高学习效率，同时也能够增强个体的学习动力和自我管理能力。

（二）整合多元学习资源与途径

在构建终身学习体系时，整合多元学习资源与途径是至关重要的。学习资源包括传统的书籍、培训课程，也包括现代的在线课程、社交媒体和行业报告等。个体应根据自己的学习目标和需求，选择适合自己的学习资源。

同时，学习途径也应多样化。除了传统的课堂学习和自学外，还可以参加行业研讨会、与同行交流、参与实际工作项目等。这些多元化的学习途径能够为个体提供更加丰富和全面的学习体验。

整合多元学习资源与途径的意义在于，它能够为个体提供更加丰富和全面的学习支持，帮助个体更好地实现学习目标。同时，它也能够培养个体的学习能力和创新精神，使个体在职业发展中更具竞争力。

（三）培养自主学习与自我管理能力

在终身学习体系中，自主学习与自我管理能力是不可或缺的。自主学习意味着个体能够根据自己的学习目标和需求，选择适合自己的学习方式和资源，并独立完成学习任务。自我管理能力则包括时间管理、情绪管理、自我激励等方面。

为了培养自主学习与自我管理能力，个体可以采取以下措施：首先，建立自主学习的习惯，如定期阅读、反思和总结；其次，学习有效的时间管理技巧，如制定时间表、设定优先级等；再次，学会调节情绪和压力，保持积极的学习态度；最后，通过自我激励和奖励来增强学习动力。

培养自主学习与自我管理能力的意义在于，它能够使个体更加主动地参与学习过程，提高学习效率和质量。同时，它也能够增强个体的自我认知和自我管理能力，使个体在职业发展中更具主动性和适应性。

（四）营造终身学习的社会文化氛围

构建终身学习体系需要营造一种支持终身学习的社会文化氛围。政府、企业、教育机构等各方应共同努力，为个体提供丰富的学习资源和机会。例如，政府可以出台相关政策支持终身学习的发展；企业可以提供内部培训和学习机会；教育机构可以开发更多元化的课程和教学资源。

同时，社会应加强对终身学习的宣传和推广，提高公众对终身学习的认识和重视程度。例如，可以通过举办学习节、分享会等活动来宣传终身学习的理念和实践案例。

营造终身学习的社会文化氛围的意义在于，它能够为个体提供一个良好的学习环境和氛围，使个体更加愿意参与学习过程并享受学习的乐趣。同时，它也能够促进社会的进步和发展，使社会更具竞争力和创新精神。

四、个人如何实践终身学习的理念

（一）树立持续学习的意识与态度

要实践终身学习的理念，首先需要树立持续学习的意识与态度。这意味着个体需要认识到学习是一个持续不断的过程，而非一劳永逸的任务。个体应明确学习不仅是为了获取某种证书或职业晋升，更是为了个人的全面发展和社会适应能力的提升。

树立持续学习的意识需要个体具备几个关键的观念：第一，接受学习的终身性，认识到学习是一个长期且不断的过程；第二，理解学习的多样性，意识到学习不仅限于课堂和书本，还包括实践、交流和反思等多种形式；第三，培养学习的主动性，主动寻找学习机会，积极参与学习活动。

为了树立持续学习的意识，个体可以采取以下行动：设定长期和短期的学习目标，保持对新知识、新技能的好奇心，关注行业动态和前沿技术，参与学习社群和论坛，与同行交流学习心得等。这些行动能够帮助个体形成持续学习的习惯，逐渐将学习融入日常生活和工作中。

（二）制订个人学习计划与策略

实践终身学习的理念需要制订个人学习计划与策略。学习计划能够帮助个体明确学习方向，合理安排学习时间，提高学习效率。学习策略则是个体在学习过程中采用的方法和技巧，有助于个体更好地吸收和掌握知识。

制订个人学习计划时，个体应考虑自己的职业目标、兴趣爱好和学习能力等因素，设定具体、可衡量的学习目标。同时，制订学习计划时应注重灵活性和适应性，根据实际情况进行调整。制定学习策略时，个体可以采用多种方法，如阅读、听讲、实践、反思等，以提高学习效果。

为了实施个人学习计划与策略，个体可以采取以下行动：定期回顾学习进度和目标完成情况，调整学习计划和策略；选择合适的学习资源和学习途径，如书籍、在线课程、研讨会等；保持学习动力和兴趣，通过奖励和激励自己持续学习。

（三）培养自主学习与自我反思的能力

实践终身学习的理念需要培养自主学习与自我反思的能力。自主学习意味着个体能够根据自己的学习需求和目标，主动寻找学习资源和机会，进行独立的学习活动。自我反思则是个体在学习过程中对自己的学习行为和效果进行反思和总结，以发现不足并改进。

为了培养自主学习与自我反思的能力，个体可以采取以下行动：制订学习计划并严格执行，培养自主学习的习惯；选择合适的学习方法和技巧，提高学习效率；在学习过程中保持思考和质疑的态度，不断挑战自己的认知边界；定期回顾学习成果和反思学习过程，总结经验教训并改进学习方法。

（四）融入学习与工作的融合模式

实践终身学习的理念需要将学习与工作相融合。这意味着个体在工作过程中应不断学习和探索新的知识和技能，将学习成果应用于实际工作中，以提高工作效率和质量。同时，个体也应将工作中的经验和问题作为学习的素材和动力，促进学习的深入和拓展。

为了融入学习与工作的融合模式，个体可以采取以下行动：在工作中保持开放和学习的态度，积极向同事和专家请教和学习；将工作中的问题和挑战作为学习的机会，寻找解决方案并进行实践；将学习成果应用于实际工作中，不断优化工作流程和提高工作效率；参与行业交流和合作项目，拓宽视野和知识面。

通过以上四个方面的努力和实践，个人可以更好地贯彻终身学习的理念，不断提高自身的综合素质和竞争力，实现个人职业发展和社会价值的提升。

第三节 学习方法与技能的培养

一、有效的学习方法与策略

（一）目标设定与计划管理

有效的学习方法与策略首先体现在目标设定与计划管理上。明确的学习目标是学习活动的指南针，能够帮助我们集中精力，避免在庞杂的信息中迷失方向。在设定目标时，我们应该确保目标是具体、可衡量、可达成、相关性强和有时间限制的（SMART原则）。

计划管理则是实现目标的关键步骤。一个合理的学习计划应该包括学习内容、学习时间、学习方式以及学习资源的分配。计划制订后，我们需要按照计划执行，并根据实际情况灵活调整。同时，我们还应该定期回顾学习进度，对计划进行评估和调整。

在目标设定与计划管理的过程中，我们可以采用时间管理技巧，如番茄工作法、四象限法等，来提高学习效率。此外，我们还可以利用日程表、提醒功能等辅助工具来确保计划的顺利执行。

（二）主动学习与深度学习

有效的学习方法与策略还体现在主动学习与深度学习上。主动学习是指学习者在学习过程中发挥主体作用，积极寻求知识、解决问题和构建知识体系。这要求我们在学习过程中保持好奇心和探究精神，勇于提问、敢于质疑。

深度学习则是指学习者对知识的深入理解和掌握，能够将所学知识运用到实际问题中。为了实现深度学习，我们需要注重知识的内在联系和逻辑结构，通过思考、讨论和实践等方式加深对知识的理解。

在主动学习与深度学习的过程中，我们可以采用多种策略，如阅读原著、参与讨论、实践探索等。这些策略能够帮助我们更好地理解和掌握知识，提高学习效果。

（三）多元学习与资源整合

有效的学习方法与策略还包括多元学习与资源整合。多元学习是指我们应该利用多种学习方式和资源进行学习。不同的学习方式和资源各有优势，相互补充，能够帮助我们更全面地掌握知识。

资源整合则是指我们应该善于整合各种学习资源，形成自己的学习网络。这包括利用图书馆、互联网、社交媒体等渠道获取学习资源，与同行、专家建立联系并寻求帮助。

在多元学习与资源整合的过程中，我们应该注重学习资源的筛选和评估，确保学习资源的质量和有效性。同时，我们还应该注重学习方式的多样性和灵活性，根据不同的学习内容和目标选择合适的学习方式。

（四）反思与自我评估

有效的学习方法与策略最后体现在反思与自我评估上。反思是指我们对学习过程和学习成果的回顾和思考，通过反思我们可以发现自己的不足和问题，为未来的学习提供改进方向。

自我评估则是指我们对自身学习效果的评估和评价，通过自我评估我们可以了解自己的学习进展和成果，为未来的学习制订更合理的目标和计划。

在反思与自我评估的过程中，我们可以采用多种方法，如写日记、写总结、绘制思维导图等。这些方法能够帮助我们更好地梳理学习过程和成果，发现问题并提出改进措施。同时，我们还应该注重与他人交流和分享学习心得和经验，以拓宽视野和提高学习效果。

二、学习技能的培养与提升

（一）基础学习技能的培养

基础学习技能是每个人在学习过程中必须掌握的基本能力，包括阅读、记忆、理解、分析和表达等。这些技能是构建学习大厦的基石，对于提高学习效率和质量至关重要。

首先，阅读是获取知识和信息的主要途径。为了培养良好的阅读习惯和技巧，我们应该选择适合自己的阅读材料，如经典著作、专业书籍、行业报告等，并注重阅读速度和质量的平衡。同时，我们还可以借助辅助工具，如笔记、思维导图等，来加深对阅读材料的理解和记忆。

其次，记忆是学习的关键环节。为了提高记忆效率，我们可以采用多种记忆方法，如联想记忆、重复记忆、故事记忆等。同时，我们还应该注重复习和巩固，及时回顾所学知识，防止遗忘。

再次，理解和分析能力也是学习的重要技能。为了培养这些能力，我们应该注重思考和实践，尝试从不同角度和层面分析问题，并寻求解决方案。通过不断练习和反思，我们可以逐渐提高理解和分析能力。

最后，表达能力是将所学知识转化为实际成果的关键。为了培养良好的表达能力，我们应该注重口头和书面表达的训练，如演讲、写作等。同时，我们还应该注重表达的准确性和清晰度，确保信息能够准确传达给听众或读者。

（二）信息检索与处理技能的提升

在这个信息爆炸的时代，信息检索与处理技能对于学习至关重要。为了提升这些技能，我们应该掌握有效的信息检索方法，如使用搜索引擎、专业数据库等，以快速准确地获取所需信息。同时，我们还应该注重信息的筛选和评估，确保所获取信息的可靠性和有效性。

在信息处理方面，我们应该学会将大量信息进行分类、整理和总结，以便更好地理解和应用。此外，我们还可以利用辅助工具，如数据可视化软件、思维导图软件等，来更好地呈现和分析信息。

为了提升信息检索与处理技能，我们可以参加相关培训课程或阅读相关书籍，以获取更多实用的方法和技巧。同时，我们还应该注重实践和应用，通过不断练习和反思来提高这些技能的水平。

（三）批判性思维与创新能力的培养

批判性思维和创新能力是现代社会对人才的重要要求。为了培养这些能力，我们应该注重独立思考和质疑精神的培养。在学习过程中，我们应该勇于提出自己的见解和观点，敢于质疑和挑战权威和传统观念。

同时，我们还应该注重创新能力的培养。为了激发创新思维，我们可以尝试从不同的角度和层面思考问题，寻找新的解决方案和思路。此外，我们还可以参加创新竞赛或实践活动，以锻炼自己的创新能力和实践能力。

为了培养批判性思维和创新能力，我们可以阅读相关书籍和文章，了解批判性思维和创新思维的理论和方法。同时，我们还应该注重实践和应用，通过不断练习和反思来提高这些能力的水平。

（四）自我管理与学习动力的保持

自我管理与学习动力是保持持续学习状态的关键。为了培养自我管理能力，我们应该制定合理的学习计划和时间表，并严格按照计划执行。同时，我们还应该注重时间管理和效率提升，避免拖延和浪费时间。

在学习动力方面，我们应该明确自己的学习目标和动机，并注重内在动力的培养。通过设定具体、可衡量的学习目标，我们可以激发自己的学习动力并保持持续的学习状态。此外，我们还可以寻求外部激励和支持，如参加学习小组、分享学习成果等，以增强学习动力和自信心。

为了保持自我管理与学习动力，我们可以制订学习计划和时间表，并设定具体的奖励和惩罚措施来激励自己。同时，我们还应该注重情绪管理和压力调节，保持积极的学习态度和心态。

三、学习资源的获取与利用

（一）传统学习资源的获取

传统学习资源主要包括纸质书籍、报纸杂志、录音录像带等。这些资源具有稳定可靠、易于保存和反复阅读的特点。为了有效获取这些资源，我们可以通过图书馆、书店、二手市场等途径进行寻找。图书馆是获取纸质书籍和报纸杂志的重要场所，不仅资源丰富，而且借阅费用低廉。书店则提供了更多的选择，包括最新出版的书籍和各类专业书籍。此外，二手市场也是一个不容忽视的资源，尤其是对学生和预算有限的学习者来说，二手书籍往往性价比较高。

在获取传统学习资源时，我们需要注意资源的真实性和版权问题。确保所购买的书籍是正版，避免侵权行为。同时，对于重要的学习资源，建议进行备份和妥善保存，以防丢失或损坏。

（二）数字学习资源的搜寻与整合

随着信息技术的发展，数字学习资源越来越丰富，包括电子书籍、在线课程、学术数据库等。这些资源具有更新迅速、获取便捷、可随时随地学习的优势。为了有效搜寻和整合这些资源，我们可以利用搜索引擎、学术网站、在线教育平台等途径。

在搜寻数字学习资源时，关键词的选择至关重要。通过输入与学习内容相关的关键词，我们可以快速找到大量相关的电子书籍、论文和在线课程。同时，我们还可以利用学术数据库进行深入的学术研究，获取更为专业和权威的资料。

整合数字学习资源时，我们需要注重资源的筛选和分类。根据学习目标和需求，选择高质量、有价值的资源进行下载和保存。同时，为了方便日后的查找和使用，建议对资源进行合理的分类和标签化管理。

（三）社交媒体与学习社区的利用

社交媒体和学习社区是现代学习者获取信息和交流的重要平台。通过关注行业专家、加入学习小组、参与在线讨论等方式，我们可以及时获取最新的行业动态、学习资料和经验分享。同时，与其他学习者进行交流和互动，还可以激发我们的学习兴趣和动力，拓宽学习视野。

在利用社交媒体和学习社区时，我们需要注意信息的真实性和可靠性。对于未经证实的信息和观点，要保持审慎和批判的态度。此外，为了保护个人隐私和安全，建议不要随意泄露个人信息和联系方式。

（四）学习资源的有效管理与应用

获取了大量学习资源后，如何进行有效的管理和应用成为关键。首先，我们需要建立科学的学习资源管理体系，包括资源的分类、整理、保存和备份等环节。其次，在应用学习资源时，我们要结合自身的学习目标和实际情况进行选择和使用。例如，针对某个具体的学习任务或问题，我们可以从之前整理好的资源中找到相关的资料和解决方案进行参考和借鉴。

最后，为了更好地利用学习资源，我们还可以尝试进行跨学科的学习和探索。通过将不同领域的知识进行融合和创新，我们可以发现新的学习思路和方法，提高自身的综合素质和创新能力。

总之，学习资源的获取与利用是一个持续不断的过程。通过不断地搜寻、整合、管理和应用各类学习资源，我们可以更好地满足自身的学习需求和发展目标，实现个人价值的最大化。

四、学习过程中的自我管理与评估

（一）设定明确的学习目标与计划

在学习过程中，设定明确的学习目标与计划是自我管理的第一步。一个清晰的目标能够为我们提供方向，而详细的计划则能帮助我们有序地推进学习进程。在设定目标时，我们应该遵循 SMART 原则，即目标应该是具体的（Specific）、可衡量的（Measurable）、可实现的（Achievable）、相关的（Relevant）和有时限的（Time-bound）。

制订学习计划时，我们需要考虑学习内容的难易程度、个人的学习能力和时间安排等因素。计划应该包括每天、每周、每月甚至每年的学习任务和目标，以确保学习的连贯性和系统性。同时，我们还应该为可能出现的意外情况留出一定的缓冲时间，以保持计划的灵活性和可行性。

（二）时间管理与效率提升

时间管理与效率提升是自我管理的核心。在学习过程中，我们应该合理安排时间，避免拖延和浪费时间。为了有效管理时间，我们可以采用番茄工作法、四象限法等时间管理技巧，将学习任务按照重要性和紧急性进行分类，并优先处理重要且紧急的任务。

同时，我们还应该注重学习效率的提升。为了保持高效的学习状态，我们可以采取多种策略，如定期休息、避免干扰、使用辅助工具等。此外，我们还可以通过练习、总结和反思来不断提高自己的学习效率和水平。

（三）情绪管理与压力调节

情绪管理与压力调节是学习过程中不可忽视的方面。在学习过程中，我们可能会遇到各种挑战和困难，如学习压力、时间紧迫、任务繁重等。这些挑战可能会引发焦虑、紧张、沮丧等负面情绪，影响我们的学习效果和身心健康。

为了有效管理情绪和调节压力，我们可以采取多种方法。首先，我们应该保持积极的心态和乐观的情绪，相信自己能够克服困难并取得成功。其次，我们可以通过运动、音乐、冥想等方式来放松身心、缓解压力。此外，我们还可以寻求他人的支持和帮助，如与同学、老师、家人交流分享自己的感受和困惑。

（四）自我评估与反馈调整

自我评估与反馈调整是学习过程中不可或缺的一环。通过自我评估，我们可以了解自己的学习进度和效果，发现存在的问题和不足，为下一步的学习提供改进方向。

在自我评估时，我们可以采用多种方法，如自我测试、作业检查、小组讨论等。这些方法可以帮助我们全面客观地评估自己的学习成果和表现。同时，我们还应该注重反思和总结，思考学习过程中的成功经验和失败教训，以便在未来的学习中避免重复犯错并不断提高自己的学习效果。

在评估结果的基础上，我们需要进行反馈调整。如果评估结果良好，我们可以继续保持现有的学习方法和策略；如果评估结果不佳，我们则需要分析原因并采取相应的措施进行调整和改进。例如，我们可以调整学习计划、改变学习方法、寻求外部帮助等，以提高自己的学习效率和效果。

总之，学习过程中的自我管理与评估是一个持续不断的过程。通过设定明确的学习目标与计划、有效管理时间、调节情绪与压力以及进行自我评估与反馈调整等措施，我们可以更好地管理自己的学习进程并提高学习效果。

第四节 知识更新与职业适应

一、知识更新的重要性

（一）适应时代发展的需要

随着科技的迅猛发展和社会的不断进步，知识更新的速度日益加快。在这个日新月异的时代，只有不断更新知识，才能跟上时代的步伐，适应社会的发展。一方面，新兴技术的不断涌现，如人工智能、大数据、云计算等，要求我们必须掌握最新的科技知识和应用技能；另一方面，社会经济结构的变化和行业的转型升级，也对我们的知识体系提出了新的要求。因此，知识更新不仅是个人发展的需要，更是时代发展的需要。

（二）保持职业竞争力的关键

在竞争激烈的职场环境中，拥有先进的知识和技能是保持职业竞争力的关键。随着技术的不断进步和行业的快速发展，那些停滞不前、不愿更新知识的人很容易被淘汰。而那些不断学习、不断更新知识的人，则能够抓住机遇，迎接挑战，实现自我价值的最大化。因此，知识更新对于个人职业发展至关重要。

（三）实现个人成长与进步的途径

知识更新是实现个人成长与进步的重要途径。通过不断学习新知识、新技能，我们可以不断拓展自己的知识领域和能力范围，提高自己的综合素质和竞争力。同时，知识更新还能够激发我们的学习兴趣和动力，让我们保持对学习的热情和追求。这种不断追求进步的精神状态，有助于我们实现个人价值的最大化，并为社会做出更大的贡献。

（四）应对未来挑战的基础

面对未来可能出现的各种挑战和机遇，我们需要做好充分的准备。而知识更新正是我们应对未来挑战的基础。通过不断更新知识，我们可以了解未来可能的发展趋势和变化，从而提前做好规划和准备。这种前瞻性的思考方式和行动方式，有助于我们更好地应对未来的挑战和机遇，实现个人和组织的可持续发展。

总之，知识更新对于个人和社会的发展都具有重要的意义。它不仅有助于我们适应时代发展的需要、保持职业竞争力、实现个人成长与进步，还为我们应对未来挑战奠定了坚实的基础。因此，我们应该高度重视知识更新工作，不断提高自己的学习能力和适应能力，以应对日益复杂多变的社会环境。同时，我们也应该鼓励和支持身边的人进行知识更新和学习提升，共同推动社会的进步和发展。

二、如何保持知识的更新与同步

在快速变化的时代背景下，知识的更新与同步对于个人和组织的竞争力至关重要。下面将从四个方面详细分析如何保持知识的更新与同步。

（一）持续学习与自我提升

知识的更新首先要求个体保持持续学习和自我提升的状态。随着科技的发展和社会的进步，新知识、新技能层出不穷，个人需要不断学习以跟上时代的步伐。为此，个体可以制订长期和短期的学习计划，明确学习目标，并付诸实践。例如，可以定期参加培训课程、阅读专业书籍、观看在线讲座等，以获取最新的知识和信息。

此外，保持开放和包容的心态也是持续学习的关键。个体应愿意接受不同的观点和方法，与他人交流和分享，从中汲取营养，拓宽自己的视野。同时，自我反思和总结也是不可或缺的环节，通过反思自己的学习过程和成果，可以不断改进和提升自己的学习方法和效率。

（二）关注行业动态与技术发展

知识的更新与同步还需要关注行业动态和技术发展。不同行业有着不同的知识体系和技能要求，个体需要了解自己所处行业的最新动态和技术发展趋势，以便及时调整自己的知识和技能结构。为此，个体可以通过阅读行业报告、参加行业会议、与同行交流等方式获取相关信息。

同时，关注技术发展也是保持知识更新的重要途径。新技术的出现往往带来新的应用场景和商业模式，个体需要了解这些新技术的基本原理和应用场景，以便将其应用于实际工作中。例如，人工智能、大数据、云计算等技术的发展已经深刻改变了各行各业的生产方式和商业模式，个体需要关注这些技术的发展趋势和应用场景，以便及时调整自己的知识和技能结构。

（三）建立知识共享与交流平台

知识的更新与同步还需要建立知识共享与交流平台。通过平台，个体可以与他人分享自己的知识和经验，也可以从他人那里获取新的知识和信息。为此，组织可以建立内部的知识管理系统或在线学习平台，鼓励员工分享自己的知识和经验。同时，也可以利用社交媒体等外部平台与同行交流、分享经验和获取新知。

在知识共享与交流过程中，建立良好的信任和尊重关系是至关重要的。个体需要尊重他人的知识和经验，愿意倾听和接纳不同的观点和方法。同时，也需要保持开放和包容的心态，愿意与他人分享自己的知识和经验，共同推动知识的更新与同步。

（四）培养终身学习的习惯

保持知识的更新与同步需要培养终身学习的习惯。终身学习是一种持续不断的学习过程，它强调学习不仅是为了获取知识和技能，更是为了个人的成长和发展。个体需要树立终身学习的观念，将学习视为一种生活方式和态度，不断追求新的知识和技能。

为了培养终身学习的习惯，个体可以制订长期的学习计划和目标，并付诸实践。同时，也需要保持好奇心和求知欲，对新知识、新技能保持敏感和兴趣。此外，还可以利用碎片时间进行学习，如阅读电子书、观看在线视频等，以充分利用时间资源。

总之，保持知识的更新与同步需要个体从多个方面入手，包括持续学习与自我提升、关注行业动态与技术发展、建立知识共享与交流平台以及培养终身学习的习惯等。只有这样，个体才能在快速变化的时代背景下保持竞争力并实现个人成长和发展。

三、知识更新对职业适应的影响

随着社会的快速发展和科技的不断进步，知识更新已成为职场中不可避免的趋势。对职业人士而言，知识更新不仅关乎个人的成长与发展，更直接影响到职业适应的能力。下面将从四个方面详细分析知识更新对职业适应的影响。

（一）提升职业技能与竞争力

知识更新最直接的影响就是提升个体的职业技能与竞争力。随着新技术、新方法的不断涌现，职场对于人才的要求也在不断变化。只有不断学习新知识、掌握新技能，个体才能在竞争激烈的职场中立于不败之地。通过知识更新，个体可以不断拓宽自己的知识领域，提高专业技能水平，增强自身的竞争力。这不仅有助于个体在现有岗位上取得更好的成绩，还为其未来的职业发展打下坚实的基础。

在实际工作中，个体需要关注所在行业的前沿动态和技术发展趋势，及时了解并掌握最新的知识和技能。同时，也需要注重跨界学习，将不同领域的知识进行融合和创新，以适应复杂多变的职场环境。

（二）增强职业适应性与应变能力

知识更新还有助于增强个体的职业适应性与应变能力。在快速变化的职场环境中，个体需要不断适应新的工作环境、新的工作任务及新的挑战。通过知识更新，个体可以不断更新自己的认知结构，提高自己的适应能力。当面对新的工作任务或挑战时，个体能够迅速调整自己的心态和策略，找到解决问题的方法，从而保持高效的工作状态。

此外，知识更新还有助于个体形成创新思维和解决问题的能力。在不断学习的过程中，个体可以接触到不同的观点和方法，拓宽自己的思维视野。当遇到问题时，个体能够运用所学知识进行独立思考和创新探索，提出新的解决方案。这种创新思维和解决问题的能力对于个体的职业适应和发展具有重要意义。

（三）促进职业发展与晋升

知识更新对个体的职业发展与晋升也有着积极影响。在竞争激烈的职场中，企业更加注重员工的综合素质和专业技能。通过不断学习和更新知识，个体可以提升自己的综合素质和专业技能水平，从而增加自己的晋升机会。同时，知识更新还有助于个体在职业发展过程中实现自我超越和突破，不断迈向更高的职业层次。

在实际工作中，个体需要注重自身职业规划和发展目标的设定。通过了解企业发展战略和市场需求变化，个体可以明确自己的职业发展方向和目标。然后结合自身的实际情况和兴趣爱好，制订个性化的学习计划和发展路径。通过不断学习和实践，逐步提升自己的综合素质和专业技能水平，为实现职业发展和晋升打下坚实基础。

（四）塑造良好的职业形象与口碑

知识更新还有助于个体塑造良好的职业形象与口碑。在职场中，一个不断学习、积极进取的个体更容易受到他人的认可和尊重。通过不断学习和更新知识，个体可以展现出自己的专业素养和敬业精神，赢得他人的信任和尊重。这种良好的职业形象和口碑对于个体的职业发展具有积极的推动作用。

在实际工作中，个体需要注重自身形象和言行的塑造。通过积极参与各种职场活动、分享自己的知识和经验、帮助他人解决问题等方式，展示自己的专业素养和敬业精神。同时，也需要注重与同事、上级和客户的沟通和交流，建立良好的人际关系网络。这种良好的人际关系网络有助于个体在职场中获得更多的支持和帮助，促进自己的职业发展。

四、职业适应中持续学习的必要性

在快速变化和发展的职场环境中，职业适应不仅是每个职场人士面临的挑战，更是实现个人职业成长和成功的关键。而持续学习作为职业适应的核心要素，其必要性不言而喻。下面将从四个方面详细分析职业适应中持续学习的必要性。

（一）应对职业变化的挑战

职场环境的快速变化给个体带来了前所未有的挑战。随着新技术、新业态和新模式的不断涌现，许多传统职位和工作内容正在逐渐消失，而新的职位和机会则在不断涌现。为了应对这种变化，个体必须保持持续学习的状态，不断更新自己的知识和技能，以适应新的职业要求。通过持续学习，个体可以及时了解行业趋势和市场需求，掌握新的技术和方法，提高自己的职业竞争力。

例如，在数字化时代，许多行业都在向数字化转型，对职场人士来说，掌握数字化技能已经成为必备的职业素养。通过持续学习，个体可以学习数据分析、人工智能、云计算等新技术，并将其应用于实际工作中，提高自己的工作效率和质量。

（二）提升职业竞争力

在竞争激烈的职场中，持续学习是提升职业竞争力的关键。通过不断学习新知识和技能，个体可以不断拓宽自己的知识领域和技能范围，提高自己的综合素质和专业能力。这种综合素质和专业能力的提升，不仅有助于个体在现有岗位上取得更好的成绩，还可以为个体提供更多的职业机会和发展空间。

此外，持续学习还可以帮助个体建立自己的专业品牌和声誉。通过不断学习和实践，个体可以积累丰富的经验和成果，并在职场中树立良好的形象。这种形象和声誉的提升，可以进一步增强个体的职业竞争力。

（三）适应组织变革的需要

随着企业不断发展和变革，组织对人才的需求也在不断变化。为了保持组织的竞争力和创新能力，企业需要不断引进新的人才和新的思想。而持续学习可以帮助个体适应组织变革的需要，不断提高自己的适应能力和创新能力。

通过持续学习，个体可以了解组织的发展战略和目标，理解组织的文化和价值观，并积极参与组织的变革和创新。这种参与和贡献不仅可以提高个体的职业满意度和归属感，还可以为组织的发展做出更大的贡献。

（四）实现个人成长与发展

持续学习是个人成长和发展的重要途径。通过不断学习新知识和技能，个体可以不断宽展自己的视野和思维方式，提高自己的认知能力和解决问题的能力。这种认知能力和解决问题能力的提升，不仅可以帮助个体更好地应对职场中的挑战和问题，还可以为个人的职业发展提供更多的可能性|和选择。

此外，持续学习还可以帮助个体实现自我超越和突破。在不断学习的过程中，个体可以不断挑战自己的极限和潜力，挖掘自己的优势和特长，并努力实现自己的职业目标和梦想。这种自我超越和突破的过程不仅可以带来个人的成长和成功，还可以为社会的进步和发展做出更大的贡献。

综上所述，职业适应中持续学习的必要性体现在应对职业变化的挑战、提升职业竞争力、适应组织变革的需要和实现个人成长与发展等多个方面。对每个职场人士来说，持续学习不仅是一种职业要求，更是一种生活态度和人生追求。

第五节　学习态度与个人职业规划

一、学习态度在职业规划中的作用

在学习与职业发展的道路上，学习态度扮演着至关重要的角色。它不仅影响着个体的学习效果，更对个人的职业规划产生深远的影响。下面将从四个方面详细分析学习态度在职业规划中的作用。

（一）塑造职业认知与兴趣

学习态度在塑造个体的职业认知与兴趣方面起着关键作用。一个积极的学习态度能够促使个体主动探索不同领域的知识，从而拓宽自己的视野和认知。在接触和学习新知识的过程中，个体可能会发现自己对某些领域特别感兴趣，这为未来职业规划指明了方向。同时，积极的学习态度还能使个体更加深入地了解不同职业的特点和要求，为选择合适的职业道路打下基础。

例如，一个对学习充满热情的年轻人，在尝试学习编程后发现自己对计算机科学产生了浓厚的兴趣，这可能会促使他选择成为一名软件工程师或IT专家。而在这个过程中，他的学习态度起到了决定性的作用。

（二）提升职业技能与竞争力

学习态度对提升个体的职业技能与竞争力具有重要影响。一个积极主动的学习者会不断地学习新知识和技能，努力提高自己的专业素养。这种不断学习和提升的过程能够使个体在职业领域中保持领先地位，增强自己的竞争力。

同时，积极的学习态度还能使个体更加适应职业发展的变化。在快速变化的时代背景下，许多职业都面临着转型和升级的压力。只有保持积极的学习态度，不断学习和更新知识，个体才能跟上时代的步伐，适应职业发展的变化。

（三）影响职业选择与决策

学习态度在个体的职业选择与决策过程中也起着重要作用。一个积极的学习者会更加理性地分析自己的优势和劣势，了解不同职业的特点和要求，从而做出更加明智的职业选择。同时，他们也会更加关注自己的兴趣和价值观是否与职业相匹配，从而做出更加符合自己期望的职业决策。

相反，如果个体缺乏积极的学习态度，他们可能会对自己的职业选择和决策感到迷茫和不安。他们可能会盲目跟风或者选择不适合自己的职业道路，导致职业发展受阻。

（四）促进职业发展与成功

最终，学习态度对个体的职业发展与成功起着决定性的作用。一个积极的学习者会不断地学习新知识和技能，努力提高自己的专业素养和综合能力。这种不断学习和提升的过程能够使个体在职业领域不断取得新的成就和突破，实现自己的职业目标和梦想。

同时，积极的学习态度还能使个体在职场中保持积极的心态和行动力。他们能够更好地应对职场中的挑战和压力，抓住机遇并迎接挑战。这种积极的心态和行动力是职业成功的重要因素之一。

综上所述,学习态度在职业规划中起着至关重要的作用。它不仅能够塑造个体的职业认知与兴趣、提升职业技能与竞争力、影响职业选择与决策,还能够促进职业发展与成功。因此,对每个职场人士来说,培养积极的学习态度是至关重要的。

二、根据个人学习目标制订职业规划

在个人的职业发展道路上,制订一个明确的职业规划是至关重要的。而个人学习目标的设定,作为职业规划的基础,对于实现长远的职业目标具有决定性的影响。下面将从四个方面详细分析如何根据个人学习目标来制订职业规划。

(一)明确学习目标与职业目标的对应关系

首先,个人需要清晰地认识到自己的学习目标与职业目标之间的对应关系。学习目标应该与个人的职业目标紧密相连,确保学习的内容和方向是朝着实现职业目标而努力的。这种对应关系的确立,不仅有助于个人在学习过程中保持明确的方向,还能使学习成果更好地服务于职业发展。

例如,如果个人的职业目标是成为一名优秀的市场营销经理,那么其学习目标就应该包括深入了解市场营销的理论知识、掌握市场调研和分析的技能、提升沟通和协调能力等。这些学习目标的设定,应该紧密围绕市场营销经理的职业要求和发展方向。

(二)制订具体可行的学习计划

在明确了学习目标与职业目标的对应关系后,个人需要制订具体可行的学习计划。学习计划应该包括学习的时间安排、学习的方式方法、学习的内容选择等。一个具体可行的学习计划,能够确保个人在学习过程中保持高效和有序,从而更好地实现学习目标。

例如,为了实现市场营销经理的职业目标,个人可以制订一个为期两年的学习计划。在这个计划中,可以设定每个月的学习目标和学习任务,包括阅读相关书籍、参加培训课程、完成实践项目等。同时,还需要根据自己的学习情况和时间安排,不断调整和优化学习计划。

（三）注重实践与应用

在制订职业规划时，个人需要注重实践与应用。学习的最终目的是应用于实际工作和职业发展中。因此，在制订学习计划时，个人应该注重将学习内容与实际工作相结合，通过实践来加深对知识的理解和掌握。

例如，在学习市场营销知识时，个人可以积极参与公司的市场调研和分析工作，将所学知识应用于实际工作中。通过实践，个人可以更加深入地了解市场营销的实际运作和市场需求，提高自己的实践能力和职业素养。

（四）持续评估与调整

职业规划不是一成不变的，而是需要不断评估和调整的。在制订职业规划时，个人需要定期评估自己的学习进度和职业规划的实施情况，发现问题并及时调整。这种持续评估和调整的过程，能够使个人更好地适应职业发展的变化和挑战。

例如，在实施职业规划的过程中，个人可能会发现自己的学习目标与职业目标之间存在偏差或者职业规划的实施情况与预期不符。这时，个人需要及时反思和调整自己的学习计划和职业规划，确保它们能够更好地服务于自己的职业发展。

总之，根据个人学习目标制订职业规划是一个复杂而重要的过程。个人需要明确学习目标与职业目标的对应关系、制订具体可行的学习计划、注重实践与应用以及持续评估与调整。通过这个过程，个人可以更好地实现自己的职业目标和发展梦想。

三、职业规划中持续学习的体现

在职业规划的过程中，持续学习不仅是个人成长和发展的重要保障，更是实现职业目标的关键。下面将从四个方面详细分析职业规划中持续学习的体现。

（一）适应职业发展的持续变革

职业发展是一个动态的过程，伴随着技术、市场、环境等因素的持续变化，职业领域也会发生相应的变革。在职业规划中，持续学习首先体现在个体能够适应这种变革，不断更新自己的知识和技能。通过持续学习，个体可以紧跟职业发展的步伐，了解最新的行业动态和技术趋势，从而保持在职场中的竞争力。

例如，在信息技术领域，新技术的不断涌现使得原有的技术很快过时。为了保持竞争力，信息技术从业者需要不断学习新技术，更新自己的技能库。这种持续学习的态度，使得他们能够在职业发展中不断适应变革，抓住新的职业机会。

此外，持续学习还能够帮助个体预测职业发展的未来趋势。通过对行业趋势的敏锐洞察和不断学习，个体可以提前做好准备，为未来的职业发展打下坚实的基础。

（二）提升职业能力的深度与广度

在职业规划中，持续学习还体现在提升职业能力的深度与广度上。通过不断学习，个体可以深化对专业知识的理解，提高专业技能的熟练程度，从而在职场中展现出更高的专业素养。同时，持续学习还能够拓宽个体的知识领域，增加跨领域的知识储备，提高解决问题的能力。

例如，在市场营销领域，一个优秀的市场营销人员不仅需要掌握市场营销的基本理论和方法，还需要了解消费者心理、数据分析、社交媒体营销等多个领域的知识。通过持续学习，市场营销人员可以不断提升自己的职业能力，更好地应对市场变化和客户需求。

此外，持续学习还能够提升个体的创新能力。在知识不断更新和迭代的时代背景下，只有不断学习新知识和新技能，个体才能够在工作中发现新的机会和问题，提出创新的解决方案。

（三）实现职业目标的阶梯式进步

在职业规划中，持续学习是实现职业目标阶梯式进步的关键。通过不断学习，个体可以逐步提升自己的职业能力和竞争力，为实现更高的职业目标打下坚实的基础。同时，持续学习还能够使个体在职业发展中保持清晰的目标和方向，避免盲目和迷失。

例如，一个初入职场的年轻人可能只是从事基础性的工作，但是通过持续学习和不断积累经验，他可以逐步提升自己的能力和竞争力，争取更高的职位和更好的待遇。在这个过程中，持续学习成为他实现职业目标阶梯式进步的重要支撑。

此外，持续学习还能够使个体在职业发展中保持积极的心态和动力。在面对职业挑战和困难时，持续学习的态度可以激发个体的潜能和动力，帮助他们克服困难、实现目标。

（四）构建终身学习的职业发展观

最后，在职业规划中持续学习还体现在构建终身学习的职业发展观。终身学习是指个体在一生中不断学习、不断进步的态度和行为。在职业发展中，只有保持终身学习的态度，个体才能够不断适应变化、保持竞争力。

构建终身学习的职业发展观需要个体树立正确的价值观和认知观念。个体需要认识到学习是一个永无止境的过程，需要保持开放、包容和进取的心态。同时，个体还需要积极寻找学习资源和机会，不断拓宽自己的学习领域和视野。

通过构建终身学习的职业发展观，个体可以在职业发展中保持学习和进步，实现个人价值和社会价值的最大化。

四、学习态度对实现职业目标的影响

在追求职业成功的道路上，学习态度是一个至关重要的因素。它不仅影响着个人的学习效率和成果，更直接关系到职业目标的实现。下面将从四个方面详细分析学习态度对实现职业目标的影响。

（一）影响学习动力与自我驱动力

学习态度首先影响的是个人的学习动力和自我驱动力。积极的学习态度能够激发个人的学习热情，使其对新知识、新技能产生浓厚的兴趣，从而主动投入到学习中去。这种强烈的自我驱动力能够促使个人不断学习、不断进步，为实现职业目标提供源源不断的动力。

例如，一个对编程充满热情的学习者，会主动寻找各种学习资源，积极参加编程培训和项目实践，不断提升自己的编程能力。这种积极的学习态度使他在编程领域取得了显著的进步，为实现成为一名优秀软件工程师的职业目标奠定了坚实的基础。

相反，如果学习态度消极，个人就会缺乏学习动力和自我驱动力，对新知识、新技能产生抵触情绪，导致学习效果不佳，进而影响职业目标的实现。

（二）塑造学习能力与思维方式

学习态度对个人的学习能力和思维方式也有着重要的影响。一个积极的学习态度能够使个人保持开放、包容的心态，愿意尝试新的学习方法和思维方式，从而不断提高自己的学习能力和解决问题的能力。

在学习过程中，积极的学习者会不断总结经验教训，调整学习策略，寻找最适合自己的学习方法。同时，他们还会不断挑战自己的思维极限，尝试从不同的角度和层面去思考问题，培养自己的创新思维和批判性思维。这种学习能力和思维方式对于实现职业目标至关重要，能够使个人在工作中更加高效、准确地完成任务，不断取得新的成就。

（三）决定学习成果与职业竞争力

学习态度对个人的学习成果和职业竞争力有着直接的影响。积极的学习态度能够使个人在学习过程中保持高度的专注和投入，从而取得更好的学习成果。这些学习成果不仅能够为个人的职业发展提供有力的支持，还能够增强个人的职业竞争力，使其在激烈的职场竞争中脱颖而出。

例如，一个积极学习市场营销知识的销售人员，通过不断学习和实践，掌握了各种市场营销策略和销售技巧。这些学习成果使他在销售工作中更加得心应手，业绩显著提升，从而获得更多的职业机会和发展空间。

相反，如果学习态度消极，个人就会在学习过程中缺乏专注和投入，导致学习成果不佳，进而影响职业竞争力。

（四）影响职业心态与持续发展

学习态度还对个人的职业心态和持续发展产生深远的影响。积极的学习态度能够使个人保持积极、乐观的心态，面对职业挑战和困难时能够保持冷静、沉着，从而更好地应对各种复杂情况。这种积极的职业心态能够使个人在职业发展中更加从容、自信，不断追求更高的职业目标。

同时，积极的学习态度还能够使个人保持持续发展的动力。在职业发展过程中，个人需要不断学习和进步，以适应不断变化的市场需求和职业要求。

一个积极的学习态度能够使个人始终保持对新知识、新技能的渴望和追求，从而保持持续的发展动力和竞争力。

总之，学习态度对实现职业目标具有至关重要的影响。一个积极的学习态度能够激发个人的学习动力和自我驱动力，塑造学习能力和思维方式，决定学习成果和职业竞争力，以及影响职业心态和持续发展。因此，在职业规划过程中，个人应该注重培养积极的学习态度，为实现职业目标奠定坚实的基础。

第七章 职业素养与人文价值观的未来展望

第一节 职业素养的发展趋势与挑战

一、职业素养发展的主要趋势

随着社会的快速发展和科技的不断进步，职业素养作为个体在职场中取得成功的关键因素，也呈现出一些主要的发展趋势。下面将从四个方面对职业素养发展的主要趋势进行分析。

（一）跨界融合与综合能力提升

在全球化和知识经济时代，跨界融合已成为一种常态。不同行业、不同领域之间的交叉合作日益增多，要求从业者具备更加广泛的知识面和跨领域的综合能力。因此，职业素养的发展趋势之一便是跨界融合与综合能力提升。这要求从业者不仅要精通本专业的知识和技能，还要具备跨学科的知识储备和解决问题的能力。例如，在市场营销领域，除了掌握市场营销的基本理论和方法外，还需要了解消费者心理、数据分析、社交媒体营销等多个领域的知识，以便更好地应对市场变化和客户需求。

（二）终身学习与自我更新

随着技术的不断革新和知识的快速更新，终身学习与自我更新已成为职业素养的重要组成部分。从业者需要不断学习新知识、新技能，以适应不断变化的市场需求和职业要求。这种终身学习的态度不仅能够帮助个人保持竞争力，还能够促进个人在职业生涯中的持续发展。因此，职业素养的发展趋势之二是终身学习与自我更新。从业者需要积极寻找学习资源和机会，不断提升自己的能力和素质。

（三）团队合作与沟通能力

在团队协作日益重要的今天，团队合作与沟通能力已成为职业素养的重要体现。一个优秀的团队成员需要具备良好的沟通能力和协作精神，能够与不同背景、不同性格的人进行有效的沟通和合作。这种能力不仅能够帮助个人在团队中取得更好的成绩，还能够促进整个团队的发展。因此，职业素养的发展趋势之三是团队合作与沟通能力。从业者需要注重培养自己的团队协作精神和沟通能力，以便更好地适应团队协作的要求。

（四）创新思维与解决问题的能力

在快速变化的市场环境中，创新思维和解决问题的能力已成为职业素养的重要衡量标准。一个优秀的从业者需要具备敏锐的洞察力和创新思维，能够发现新的机会和问题，并提出创新的解决方案。同时，还需要具备解决问题的能力，能够在面对复杂问题时迅速找到有效的解决方案。这种能力不仅能够帮助个人在工作中取得更好的成绩，还能够促进整个行业的发展。因此，职业素养的发展趋势之四是创新思维与解决问题的能力。从业者需要注重培养自己的创新思维和解决问题的能力，以便更好地应对职业挑战和市场需求。

综上所述，职业素养的发展呈现出跨界融合与综合能力提升、终身学习与自我更新、团队合作与沟通能力以及创新思维与解决问题能力等主要趋势。这些趋势要求从业者不断更新自己的知识和技能，提高自己的综合素质和能力水平，以适应不断变化的市场需求和职业要求。

二、职业素养面临的主要挑战

随着社会的不断发展和变革，职业素养也面临着越来越多的挑战。这些挑战不仅来自外部环境的变化，也来自个体自身的发展需求。下面将从四个方面对职业素养面临的主要挑战进行分析。

（一）技术快速更新与知识半衰期的缩短

在数字化和智能化的时代，技术的快速更新已成为不争的事实。新技术的应用不断涌现，旧的技术迅速被淘汰，知识的半衰期也在不断缩短。这种快速变化的环境要求从业者必须具备快速学习和适应新技术的能力。然而，对许多从业者来说，他们可能面临着知识更新不及时、技能储备不足的问题。这使他们在面对新技术和新挑战时感到力不从心，甚至可能被市场所淘汰。因此，如何快速适应技术更新、保持持续学习的能力，是职业素养面临的重要挑战之一。

（二）全球化与市场竞争的加剧

全球化的趋势使得市场竞争日益加剧。不仅是国内市场的竞争变得激烈，国际市场的竞争也同样不容小觑。为了在激烈的市场竞争中脱颖而出，从业者必须具备更高的职业素养和更强的竞争力。然而，这种竞争力不仅仅来自专业知识和技能，还来自跨文化交流、全球视野和国际化思维等方面的能力。对许多从业者来说，他们可能缺乏这些方面的能力和经验，这使得他们在面对全球化挑战时感到困难重重。因此，如何培养全球化思维和跨文化交流能力，提高国际竞争力，是职业素养面临的又一重要挑战。

（三）职业道德与责任感的提升

随着社会的不断发展和进步，职业道德和责任感的重要性日益凸显。一个优秀的从业者不仅需要具备专业知识和技能，还需要具备高尚的职业道德和强烈的责任感。然而，在现实生活中，一些从业者可能会面临职业道德与利益冲突的困境，或者因为缺乏责任感而给企业和社会带来负面影响。因此，如何提升从业者的职业道德和责任感，使其能够自觉遵守职业规范和道德准则，是职业素养面临的又一重要挑战。

（四）个人发展与职业成长的平衡

在追求职业成功的同时，个人发展也是从业者需要关注的重要方面。然而，在快节奏的工作环境中，从业者往往面临着工作压力大、时间紧张等问题，难以兼顾个人发展与职业成长。这种不平衡的状态可能会导致从业者身心疲惫、缺乏工作动力等问题。因此，如何找到个人发展与职业成长的平衡点，实现工作与生活的和谐统一，是职业素养面临的又一重要挑战。

综上所述，职业素养面临着技术快速更新与知识半衰期的缩短、全球化与市场竞争的加剧、职业道德与责任感的提升以及个人发展与职业成长的平衡等主要挑战。为了应对这些挑战，从业者需要不断学习和提升自己的职业素养和能力水平，以适应不断变化的市场需求和职业要求。同时，企业和社会也需要为从业者提供更多的支持和帮助，促进职业素养的全面提升和发展。

三、应对职业素养挑战的策略

在快速变化的职业环境中，职业素养面临的挑战日益严峻。为了有效应对这些挑战，个人和企业需要制定并执行一系列策略。下面将从四个方面分析应对职业素养挑战的策略。

（一）持续学习与自我提升

面对技术快速更新和知识半衰期缩短的挑战，持续学习与自我提升是至关重要的。首先，个人需要树立终身学习的观念，不断关注行业动态和技术发展，主动学习新知识、新技能。企业也应提供持续学习的平台和资源，如内部培训、在线课程、专业研讨会等，帮助员工保持与时俱进。

其次，个人需要制订明确的学习计划和目标，通过自主学习、参加培训课程、寻求导师指导等方式，不断提升自己的专业能力和综合素质。同时，企业也应鼓励员工参与外部培训和学习活动，为员工提供学习时间和经济支持。

最后，个人还应关注跨领域知识和技能的学习，以拓宽自己的知识视野和增强综合能力。企业也可以组织跨部门、跨行业的合作项目，让员工在实践中学习和成长。

（二）培养全球化思维和跨文化交流能力

在全球化和市场竞争加剧的背景下，培养全球化思维和跨文化交流能力是应对职业素养挑战的关键。个人需要关注国际动态和市场趋势，了解不同国家和地区的文化、经济、政治等方面的差异，以便更好地适应全球化环境。

企业也应加强国际化战略和跨文化管理培训，帮助员工提高国际化视野和跨文化交流能力。

同时，个人可以通过参与国际交流项目、留学、旅行等方式，增强自己的跨文化交流能力和全球化思维。企业也可以组织国际团队、跨国合作项目等，让员工在实践中锻炼和提升自己的国际化能力。

（三）加强职业道德和责任感教育

职业道德和责任感是职业素养的重要组成部分。为了应对职业道德与利益冲突的困境，加强职业道德和责任感教育至关重要。个人需要树立正确的价值观和道德观，自觉遵守职业规范和道德准则，坚守职业操守和底线。企业也应加强职业道德和责任感教育，通过培训、案例分析、内部宣传等方式，引导员工树立正确的价值观和道德观。

此外，企业还可以建立激励机制和惩罚机制，对表现优秀的员工给予表彰和奖励，对违反职业道德和规定的员工给予惩罚和纠正。同时，企业也应加强监督和管理，确保员工遵守职业规范和道德准则。

（四）促进个人发展与职业成长的平衡

在追求职业成功的同时，个人发展也是不容忽视的。为了促进个人发展与职业成长的平衡，个人需要制定明确的职业规划和目标，根据自己的兴趣和优势选择适合自己的职业道路。企业也应关注员工的个人发展需求，提供多样化的职业发展机会和晋升通道，帮助员工实现职业目标和个人价值。

同时，个人需要合理安排工作和生活时间，保持身心健康和良好的工作状态。企业也应关注员工的身心健康和工作压力问题，提供必要的支持和帮助。此外，企业还可以组织员工参与社交活动、文化活动等，增强员工的归属感和幸福感。

综上所述，应对职业素养挑战的策略包括持续学习与自我提升、培养全球化思维和跨文化交流能力、加强职业道德和责任感教育以及促进个人发展与职业成长的平衡。通过制定并执行这些策略，个人和企业可以共同应对职业素养面临的挑战，实现个人和企业的共同发展。

四、职业素养发展趋势对人才培养的影响

随着职业素养发展趋势的日益明显，人才培养体系也面临着深刻的变革。这些变革不仅影响着教育机构和企业的培训策略，也深刻地塑造着未来人才的综合素质和职业发展轨迹。下面将从四个方面分析职业素养发展趋势对人才培养的影响。

（一）教育内容的更新与拓展

职业素养的发展趋势要求人才培养的内容必须与时俱进，不断更新与拓展。传统的教育体系往往侧重于专业知识的传授，而忽视了对学生综合素质的培养。然而，在当今这个快速变化的时代，仅仅掌握专业知识已经不足以应对职场的挑战。因此，教育机构需要更加注重培养学生的创新思维、批判性思维、团队协作能力、跨文化交流能力等软技能，以提升学生的综合素质和竞争力。

此外，随着技术的不断发展，新的职业和岗位不断涌现，这也要求教育机构及时调整专业设置和课程内容，确保学生能够学习到最新的知识和技能。同时，教育机构还需要加强与企业的合作，了解企业的人才需求，为学生提供更加符合市场需求的教育资源。

（二）教育方法的创新与实践

职业素养的发展趋势也要求教育方法必须进行创新与实践。传统的教育方法往往以讲授为主，缺乏实践环节，导致学生难以将所学知识应用于实际工作中。因此，教育机构需要更加注重实践教学环节的设计和实施，通过案例分析、模拟演练、实习实训等方式，让学生在实践中学习和成长。

同时，随着信息技术的不断发展，线上教育、远程教育等新型教育方式也逐渐兴起。这些新型教育方式可以为学生提供更加灵活、便捷的学习途径，也有助于实现教育资源的共享和优化。因此，教育机构需要积极探索和尝试新型教育方式，以满足不同学生的需求。

（三）评价体系的完善与优化

职业素养的发展趋势也要求评价体系必须完善与优化。传统的评价体系往往以考试成绩为主要标准，难以全面反映学生的综合素质和能力。因此，教育机构需要建立更加全面、客观、科学的评价体系，将学生的综合素质和能力纳入评价范围，以更准确地评估学生的学业成果和发展潜力。

同时，评价体系还需要注重过程性评价和反馈性评价的结合。过程性评价可以关注学生的学习过程和学习态度，帮助学生及时发现问题并改进；反馈性评价则可以关注学生的学习成果和发展情况，为学生提供有针对性的指导和建议。这种评价方式可以更加全面地反映学生的学习情况和发展轨迹，有助于提高学生的学习效果和职业竞争力。

（四）职业规划与就业指导的加强

职业素养的发展趋势还要求加强职业规划和就业指导。在职业选择和发展过程中，学生需要了解自身的优势和兴趣，明确职业目标和发展路径。因此，教育机构需要加强对学生的职业规划和就业指导，帮助学生了解职业市场和行业趋势，制订个性化的职业规划和发展方案。

同时，企业也需要积极参与学生的职业规划和就业指导工作。企业可以通过校企合作、实习实训等方式，为学生提供实践机会和职业指导，帮助学生更好地了解职业市场和岗位需求，为未来的职业发展做好充分准备。这种合作方式不仅可以促进学生的职业发展，也有助于企业选拔到更加优秀的人才。

第二节　人文价值观在职业领域的新要求

一、人文价值观在职业领域的重要性

（一）塑造职业精神与道德基石

人文价值观在职业领域的重要性首先体现在其对于职业精神和道德基石的塑造作用上。在高度竞争和变化莫测的现代社会中，职业精神成为职业成功的关键要素之一。人文价值观中的诚信、敬业、责任等理念，为职业者提供了明确的行为准则和道德标准，使他们在面对各种诱惑和挑战时能够坚守初心，保持清醒的头脑和正确的行为方向。这种职业精神不仅有助于个人在职业道路上取得成功，更能够为社会树立良好的职业风尚，促进整个社会的和谐稳定发展。

此外，人文价值观还强调了职业者的社会责任和公民意识。职业者不仅是企业和社会的一分子，更是推动社会进步和发展的重要力量。他们通过自身的努力和贡献，为社会创造价值，推动社会向前发展。因此，人文价值观在职业领域中的重要性还体现在其对于职业者社会责任感的培养和激发上，使职业者能够更加积极地履行自己的社会责任，为社会做出更大的贡献。

（二）提升职业品质与竞争力

人文价值观在职业领域的重要性还体现在其对于职业品质和竞争力的提升作用上。在当今社会，职业品质已经成为衡量一个职业者综合素质的重要指标之一。人文价值观中的尊重、理解、包容等理念，有助于职业者建立良好的人际关系，增强团队合作意识和能力，从而提高整个团队的工作效率和创造力。这种良好的职业品质不仅能够使职业者在工作中更加得心应手，还能够赢得同事、上级和客户的信任和支持，从而在职场上获得更多的机会和资源。

同时，人文价值观还能够提升职业者的创新能力和学习能力。在快速变化的时代背景下，创新能力和学习能力已经成为职业者适应和应对挑战的关键能力。人文价值观中的开放、进取、求知等理念，能够激发职业者的创新意识和求知欲，使他们不断追求新知、探索未知，从而在职业领域保持领先地位和竞争优势。

（三）促进职业发展与个人成长

人文价值观在职业领域的重要性还体现在其对于职业发展与个人成长的促进作用上。职业发展不仅是职业者个人追求成功的目标之一，更是实现个人价值和社会价值的重要途径。人文价值观中的自我认知、自我提升、自我实现等理念，有助于职业者明确自己的职业目标和方向，制定科学的职业规划和发展策略，并通过不断学习和实践提高自己的职业能力和素质。这种职业发展过程不仅能够使职业者获得更高的职位和待遇，还能够使他们在工作中实现自我价值和人生意义。

同时，人文价值观还能够促进职业者的个人成长和全面发展。在职业发展的过程中，职业者会遇到各种挑战和困难，需要不断克服自己的弱点和不足。人文价值观中的坚韧不拔、勇于面对困难的精神品质，有助于职业者在面对挫折和失败时保持积极向上的心态和勇气，不断超越自我、实现自我成长和全面发展。

（四）构建和谐的职业生态与文化环境

人文价值观在职业领域的重要性最后体现在其对于构建和谐的职业生态和文化环境的积极作用上。职业生态和文化环境是职业者工作和生活的重要场所和背景，对于职业者的职业发展和个人成长具有重要影响。人文价值观中的和谐、共享、共赢等理念，有助于构建和谐的职业生态和文化环境，促进不同职业者之间的相互尊重、理解和合作，减少职业冲突和矛盾，增强职业群体的凝聚力和向心力。这种和谐的职业生态和文化环境不仅能够为职业者提供更加舒适和愉悦的工作环境，还能够激发职业者的创造力和创新精神，推动整个职业领域的持续发展和进步。

二、人文价值观在职业领域的新变化

（一）全球化与跨文化交流的影响

随着全球化的深入推进，跨文化交流已成为职业领域不可忽视的现象。人文价值观在职业领域的新变化首先体现在对跨文化理解和尊重的强调上。传统上，职业领域可能更多地关注本国的职业文化和道德标准，但在全球化的冲击下，职业者需要更加开放地接纳和尊重不同文化背景下的价值观。这种变化要求职业者不仅要具备本国的职业素养和道德标准，还需要具备跨文化沟通和合作的能力，以应对全球化带来的挑战。

此外，全球化还促进了职业领域的国际竞争和合作。人文价值观在职业领域的新变化还体现在对国际视野和全球责任的培养上。职业者需要具备全球视野，关注全球职业趋势和发展动态，同时也需要承担起全球责任，为全球的可持续发展和共同繁荣做出贡献。

（二）科技进步与数字化转型的推动

科技进步和数字化转型正在深刻改变着职业领域的面貌。人文价值观在职业领域的新变化也体现在对科技伦理和人文关怀的重视上。随着人工智能、大数据等技术的广泛应用，职业者需要更加关注技术背后的伦理问题和人文关怀。例如，在数据收集和使用过程中，职业者需要遵循隐私保护和数据安全的原则，尊重用户的权益和尊严。这种变化要求职业者不仅要具备技术能力和专业素养，还需要具备人文关怀和伦理意识，以确保技术的健康发展和应用。

同时，数字化转型还带来了职业领域的变革和创新。人文价值观在职业领域的新变化还体现在对创新精神和创业精神的培养上。职业者需要具备创新意识和创业精神，勇于尝试新的商业模式和技术应用，以推动职业领域的变革和创新。

（三）可持续发展与绿色职业的要求

随着可持续发展理念的深入人心，绿色职业逐渐成为职业领域的新趋势。人文价值观在职业领域的新变化也体现在对可持续发展和绿色职业的关注上。职业者需要关注环境保护和资源节约的问题，积极推广绿色技术和绿色生产方式，以推动经济的可持续发展。这种变化要求职业者不仅要具备专业知识和技能，还需要具备环保意识和社会责任感，为推动绿色职业发展贡献力量。

同时，可持续发展还带来了职业领域的转型和升级。人文价值观在职业领域的新变化还体现在对职业转型和升级的支持上。职业者需要不断学习和更新知识，适应新的职业需求和挑战，以实现职业转型和升级。这种变化要求职业者具备终身学习的意识和能力，以适应快速变化的职业环境。

（四）社会变革与价值观多元化的挑战

社会变革和价值观多元化给职业领域带来了新的挑战。人文价值观在职业领域的新变化还体现在对多元价值观的包容和尊重上。职业者需要尊重不同群体的价值观和利益诉求，积极应对社会变革带来的挑战和机遇。这种变化要求职业者具备开放的心态和包容的精神，以更加灵活和包容的态度面对多元化的职业环境。

同时，社会变革还带来了职业领域的变革和创新。人文价值观在职业领域的新变化还体现在对创新精神和创业精神的培养上。职业者需要具备创新意识和创业精神，勇于尝试新的商业模式和技术应用，以推动职业领域的变革和创新。这种变化要求职业者具备敏锐的洞察力和判断力，以抓住变革带来的机遇和挑战。

三、适应人文价值观新要求的方法

（一）深化人文教育，培养全面素养

为了适应人文价值观在职业领域的新要求，深化人文教育成为首要任务。首先，教育机构应加强对人文课程的设置和投入，确保学生能够在学习过程中接触到丰富的人文知识，培养对多元文化的理解和尊重。其次，职业培训机构应开设相关的人文素养课程，帮助在职人员提升人文素养，增强职业道德意识。

除了课程设置外，还应注重实践教学。通过组织社会实践活动、志愿服务等活动，让学生和在职人员亲身体验社会现实，增强社会责任感和公民意

识。同时，鼓励跨学科学习，将人文知识与专业知识相结合，培养具备全面素养的复合型人才。

此外，企业也应承担起培养员工人文素养的责任。通过内部培训、文化活动等方式，提升员工的人文素养和职业道德水平。同时，建立激励机制，鼓励员工积极参与社会公益活动，增强企业社会责任感。

（二）加强职业道德教育，树立良好的职业风尚

职业道德是人文价值观在职业领域的重要体现。为了树立良好的职业风尚，需要加强职业道德教育。首先，教育机构应开设职业道德课程，让学生了解职业道德的基本规范和要求。其次，企业应制定完善的职业道德规范，并通过培训、宣传等方式确保员工能够遵守职业道德。

同时，还应建立监督机制，对违反职业道德的行为进行惩处。通过加强职业道德教育和建立监督机制，可以树立良好的职业风尚，提升整个职业领域的道德水平。

（三）提升跨文化沟通能力，适应全球化趋势

在全球化的背景下，跨文化沟通能力成为职业领域的新要求。为了提升跨文化沟通能力，首先需要了解不同文化背景下的价值观和思维方式。通过学习和实践，掌握跨文化沟通的技巧和方法，避免在沟通中出现误解和冲突。

其次，需要积极参与国际交流与合作活动。通过与国际同行交流、参加国际会议等方式，了解国际职业领域的发展动态和趋势，提升自身的国际视野和竞争力。

同时，企业也应加强跨文化管理培训，帮助员工更好地适应跨文化工作环境和团队协作。通过建立多元化团队和跨文化管理机制，可以提升企业的国际竞争力和适应能力。

（四）培养终身学习习惯，适应快速变化的环境

在快速变化的时代背景下，终身学习习惯成为适应人文价值观新要求的关键能力。为了培养终身学习习惯，首先，需要认识到持续学习的重要性。职业者应意识到自身的知识体系和技能需要不断更新和提升，以适应快速变化的环境。

其次，需要制订个人学习计划。根据个人职业发展和兴趣爱好，制订长期的学习计划和目标，并通过定期学习、反思等方式保持学习的动力和效果。

再次，还应积极利用现代科技手段进行学习。通过在线课程、社交媒体等方式获取知识和信息，与同行交流分享经验和见解，不断提升自身的专业素养和综合能力。

最后，企业也应建立学习型组织文化，鼓励员工持续学习和创新。通过提供学习资源、培训机会等方式支持员工的学习和发展，营造积极向上的学习氛围和工作环境。

四、人文价值观新要求对个人职业发展的影响

（一）提升个人职业竞争力

人文价值观新要求对于个人职业竞争力的提升具有深远的影响。首先，随着职业市场对人才综合素质的要求不断提高，人文素养成为评价一个人才的重要标准。具备深厚的人文素养和正确的价值观导向，能够使个人在求职过程中脱颖而出，增加被录用的机会。

其次，人文价值观新要求强调的职业道德和责任意识，也是企业选拔和留住人才的重要因素。一个具备高尚职业道德和强烈责任感的员工，不仅能够在工作中表现出色，还能够为企业树立良好的形象和声誉，增强企业的凝聚力和竞争力。

最后，人文价值观新要求还鼓励个人具备跨文化沟通能力和国际视野。在全球化的背景下，这种能力能够使个人更好地适应国际化的工作环境和团队合作，为企业带来更大的价值。因此，适应人文价值观新要求将有助于个人提升职业竞争力，实现更好的职业发展。

（二）塑造个人职业品格与形象

人文价值观新要求对于个人职业品格与形象的塑造具有积极作用。首先，人文价值观强调的诚信、尊重、包容等理念，有助于个人形成良好的职业品格和道德风尚。这种品格不仅能够在工作中赢得同事和客户的信任和尊重，还能够为个人带来内心的满足和成就感。

其次，人文价值观新要求还鼓励个人关注社会公益事业和承担社会责任。通过参与社会公益活动、关注弱势群体等方式，个人能够展示出自己的社会责任感和公民意识，塑造积极向上的职业形象。这种形象不仅能够提升个人的社会声誉和影响力，还能够为个人带来更多的机会和资源。

最后，人文价值观新要求还强调个人在职业发展中具备创新意识和创业精神。这种精神能够使个人不断挑战自我、追求卓越，在职业道路上不断创造新的价值和成果。因此，适应人文价值观新要求将有助于个人塑造出更加优秀的职业品格和形象，为个人职业发展奠定坚实的基础。

（三）拓展个人职业发展空间

人文价值观新要求对于个人职业发展空间的拓展具有重要意义。首先，人文价值观强调的多元价值观和跨文化沟通能力，能够使个人更好地适应不同行业和领域的工作环境和工作要求。这种适应能力能够使个人在职业发展中拥有更多的选择和机会，拓展自己的职业发展空间。

其次，人文价值观新要求还鼓励个人关注新兴行业和领域的发展动态和趋势。通过学习和实践，个人能够掌握新的技能和知识，为进入新兴行业和领域做好充分准备。这种前瞻性和敏锐性能够使个人在职业发展中抢占先机、赢得主动。

最后，人文价值观新要求还强调个人在职业发展中具备终身学习的习惯和意识。通过不断学习和更新知识、技能和观念，个人能够保持自己的竞争力和适应能力，不断适应快速变化的环境和挑战。因此，适应人文价值观新要求将有助于个人拓展职业发展空间，实现更加广阔的职业前景。

（四）增强个人职业幸福感和满意度

人文价值观新要求对于个人职业幸福感和满意度的提升具有积极作用。首先，人文价值观强调的尊重、理解、包容等理念，能够使个人在工作中感受到更多的关爱和支持。这种关爱和支持能够减轻工作压力和焦虑情绪，增强个人的工作动力和热情。

其次，人文价值观新要求还鼓励个人关注自身价值和人生意义。通过追求自己的梦想和目标、实现自我价值和社会价值相结合等方式，个人能够体验到更多的职业成就感和满足感。这种成就感和满足感能够使个人更加珍惜自己的工作和生活，增强职业幸福感和满意度。

最后，人文价值观新要求还强调个人在职业发展中注重工作与生活的平衡。通过合理安排工作和生活时间、关注身心健康等方式，个人能够保持良好的工作状态和生活质量，增强职业幸福感和满意度。因此，适应人文价值观新要求将有助于个人提升职业幸福感和满意度，实现更加美好的生活和工作状态。

第三节　未来职业素养与人文价值观的融合

一、职业素养与人文价值观融合的趋势

（一）职业素养的内涵深化与人文价值观的融入

随着时代的变迁和社会的发展，职业素养的内涵正在不断深化。传统的职业素养主要关注于职业技能、专业知识和行业规范等方面，而在未来，职业素养将更多地融入人文价值观的元素。这种融合体现在对职业道德、社会责任感、创新精神和跨文化交流能力等方面的重视。职业素养与人文价值观的融合将使个人在职业发展中更加注重人的全面发展和社会的整体利益，从而推动整个社会的进步和发展。

具体来说，职业素养的内涵深化包括对职业道德的强调。在未来的职业领域，人们将更加注重诚信、尊重、包容等人文价值观在职业行为中的体现。这种强调不仅有助于提升职业者的道德水平，还有助于建立良好的职业形象和声誉。同时，社会责任感也是未来职业素养的重要组成部分。职业者需要关注社会问题，积极参与社会公益活动，为社会的发展做出贡献。

（二）全球化背景下人文价值观对职业素养的影响

全球化背景下，人文价值观对职业素养的影响日益显著。随着国际交流和合作的加深，不同文化之间的碰撞和融合成为常态。这种背景下，人文价值观对职业素养的影响主要体现在跨文化交流能力和国际视野的培养上。

首先，跨文化交流能力成为未来职业素养的重要组成部分。在全球化时代，职业者需要具备与不同文化背景的人进行有效沟通的能力。这要求职业者不仅要掌握外语技能，还要了解不同文化的价值观和思维方式。通过提升跨文化交流能力，职业者可以更好地适应全球化的工作环境和团队合作。

其次，国际视野也是未来职业素养的重要体现。在全球化的背景下，职业者需要具备全球意识和国际眼光，关注国际职业领域的发展动态和趋势。这种国际视野有助于职业者拓宽思路、开阔眼界，从而在职业发展中抢占先机、赢得主动。

（三）技术创新对职业素养与人文价值观融合的推动

技术创新是推动职业素养与人文价值观融合的重要力量。随着人工智能、大数据等技术的快速发展，职业领域正在经历着深刻的变革。这种变革对职业素养和人文价值观都提出了新的要求。

首先，技术创新要求职业者具备更高的技术素养和创新能力。在未来，职业者需要不断学习和更新技术知识，掌握新的技能和方法。同时，他们还需要具备创新意识和创业精神，勇于尝试新的商业模式和技术应用。这种技术素养和创新能力的提升，有助于职业者适应快速变化的环境和挑战，实现个人和企业的持续发展。

其次，技术创新也推动了人文价值观在职业领域的应用和实践。例如，在人工智能领域，人们开始关注技术伦理和人文关怀的问题。这要求职业者在开发和应用人工智能技术时，要遵循伦理原则、尊重人类尊严和权益。这种人文关怀的融入，有助于提升技术的道德水平和社会价值。

（四）社会变革对职业素养与人文价值观融合的呼唤

社会变革对职业素养与人文价值观融合提出了迫切的呼唤。在当前社会，经济、政治、文化等方面都面临着深刻的变革和挑战。这种变革对职业领域提出了新的要求，也推动了职业素养与人文价值观的融合。

首先，社会变革要求职业者具备更高的综合素质和适应能力。在未来社会中，职业者需要面对更加复杂多变的环境和挑战。他们不仅需要具备专业的知识和技能，还需要具备跨学科的知识结构和综合素质。同时他们还需要具备适应变化的能力，不断学习和更新自己的知识和技能以适应社会的发展需求。

其次，社会变革也呼唤着人文价值观在职业领域的普及和实践。在当前社会中，人们越来越关注人的全面发展和社会的整体利益。这种关注要求职业者在工作中注重人文关怀、关注社会问题、承担社会责任。通过普及和实践人文价值观，可以推动职业领域的健康发展和社会的和谐稳定。

二、融合过程中的关键因素

（一）教育体系的改革与创新

在职业素养与人文价值观融合的过程中，教育体系的改革与创新扮演着关键的角色。教育体系是培养未来人才的主要阵地，其内容和方式直接影响到个体职业素养和人文价值观的塑造。因此，要实现职业素养与人文价值观的深度融合，必须推动教育体系的改革与创新。

首先，教育体系需要更新教育理念，强调人的全面发展和综合素质的培养。传统的教育模式往往过于注重知识的传授和技能的训练，而忽视了个体的人文素养和道德品质的培养。在未来的教育体系中，应更加注重个体的人文素养和道德品质的培养，使其成为职业素养的重要组成部分。

其次，教育体系需要优化课程设置，增加人文课程的比重。通过增加人文课程的比重，可以让学生在学习专业知识的同时，了解人类文化、历史、哲学等方面的知识，从而培养其人文情怀和批判性思维。同时，人文课程还可以帮助学生树立正确的价值观和道德观，为其未来的职业发展奠定坚实的基础。

最后，教育体系还需要加强实践教学，将理论与实践相结合。通过实践教学，学生可以将所学知识应用于实际情境中，从而更好地理解和掌握知识。同时，实践教学还可以帮助学生了解职业领域的发展现状和趋势，为其未来的职业规划提供指导。

（二）企业文化与价值观的塑造

企业文化与价值观的塑造也是职业素养与人文价值观融合的关键因素之一。企业文化是企业的灵魂和核心竞争力的重要组成部分，它影响着员工的行为和态度，进而影响着企业的整体形象和业绩。

在融合过程中，企业应积极塑造以人为本的企业文化，注重员工的人文关怀和道德品质的培养。通过制定明确的道德规范和行为准则，引导员工树立正确的价值观和道德观。同时，企业还应加强员工的人文教育，提高员工的人文素养和跨文化交流能力。

此外，企业还应积极履行社会责任，关注社会问题，为社会的发展做出贡献。通过参与社会公益活动、支持教育事业等方式，企业可以树立良好的社会形象，增强员工的归属感和荣誉感。这种企业文化和价值观的塑造将有助于员工形成正确的职业态度和价值观，进而促进职业素养与人文价值观的深度融合。

（三）个人自我认知与职业规划

个人自我认知与职业规划也是融合过程中的关键因素之一。个体在职业发展过程中，需要对自己的兴趣、能力、价值观等方面有清晰的认识，从而制订出符合自己实际情况的职业规划。

在融合过程中，个体应加强对自身职业素养和人文价值观的认知和理解。通过学习和实践，不断提升自己的职业素养和人文素养，同时树立正确的价值观和道德观。同时，个体还应关注职业领域的发展趋势和市场需求，不断调整自己的职业规划，以适应社会的发展变化。

此外，个体还应注重自我提升和终身学习。在职业生涯中，个体需要不断学习和更新知识、技能和观念，以适应快速变化的环境和挑战。通过终身学习，个体可以保持自身的竞争力和适应能力，实现个人和企业的持续发展。

（四）社会支持与政策引导

社会支持与政策引导也是融合过程中的关键因素之一。政府和社会各界应加强对职业素养与人文价值观融合的支持和引导，为其提供良好的发展环境和条件。

首先，政府应制定相关政策措施，鼓励和支持企业加强员工的人文教育和职业素养培训。通过政策引导，推动企业形成以人为本的企业文化，注重员工的人文关怀和道德品质的培养。

其次，社会各界应加强对职业素养与人文价值观融合的宣传和推广。通过媒体、网络等渠道，普及职业素养和人文价值观的知识和理念，提高公众对其的认识和理解。同时，还可以通过举办论坛、研讨会等活动，为相关领域的专家学者和从业人员提供交流和学习的平台。

最后，社会还应加强对职业领域的监管和规范。通过制定相关法规和标准，规范职业领域的行为准则和道德要求，保障职业者的权益和利益。同时加大对违反职业道德和法律法规的行为的惩处力度，形成良好的行业风气和社会氛围。

三、促进职业素养与人文价值观融合的策略

（一）教育体系的全面优化

要促进职业素养与人文价值观的融合，首先需要对教育体系进行全面优化。这包括从课程设置、教学方法到师资培训等各个方面的改革。

1.课程设置改革：教育体系应增设人文课程，并将其融入专业课程体系中。人文课程应涵盖哲学、文学、艺术、历史等领域，帮助学生形成全面的人文素养。同时，专业课程也应融入人文价值观，让学生在掌握专业技能的同时，理解其背后的伦理和社会责任。

2.教学方法创新：教师应采用多元化的教学方法，如案例教学、小组讨论、角色扮演等，引导学生主动思考、积极参与。此外，还可以利用现代科技手段，如虚拟现实、在线学习等，拓宽学生的视野和学习体验。

3.师资培训加强：教师是教育体系中的关键因素。为了促进职业素养与人文价值观的融合，需要加强教师的培训和教育。教师应具备跨学科的知识结构，能够将人文价值观融入专业教学中。同时，教师还应具备高尚的道德品质和职业素养，为学生树立榜样。

（二）企业文化的积极塑造

企业文化是职业素养与人文价值观融合的重要载体。为了塑造积极的企业文化，企业需要采取以下策略：

1.以人为本的管理：企业应树立以人为本的管理理念，关注员工的需求和成长。通过提供良好的工作环境和福利待遇，激发员工的工作积极性和创造力。同时，企业还应注重员工的职业发展和培训，帮助员工不断提升职业素养和人文素养。

2. 价值观的明确传递：企业应明确自身的价值观，并将其传递给员工。这些价值观应包括诚信、尊重、创新、责任等，成为员工行为的准则和指南。通过价值观的明确传递，企业可以引导员工树立正确的职业态度和价值观，促进职业素养与人文价值观的融合。

3. 社会责任的积极履行：企业应积极履行社会责任，关注社会问题并为社会做出贡献。通过参与公益活动、支持教育事业等方式，企业可以树立良好的社会形象，增强员工的归属感和荣誉感。同时，社会责任的履行也有助于提升企业的品牌形象和竞争力。

（三）个人自我提升与职业规划

个人在促进职业素养与人文价值观融合中扮演着重要角色。为了实现这一目标，个人需要采取以下策略：

1. 持续学习与自我提升：个人应树立终身学习的理念，不断学习和提升自己的专业知识和技能。同时，还应注重人文素养的提升，通过阅读、参加讲座等方式拓宽自己的视野和知识面。通过持续学习与自我提升，个人可以不断提升自己的职业素养和人文素养。

2. 职业规划与调整：个人在职业规划中应充分考虑自己的兴趣、能力和价值观。在职业发展过程中，要关注职业领域的发展趋势和市场需求，不断调整自己的职业规划。同时，还应注重自身的职业道德和责任感的培养，为实现个人和企业的持续发展做出贡献。

3. 实践与反思：实践是检验职业素养与人文价值观融合效果的重要途径。个人在职业实践中应不断反思自己的行为和态度是否符合职业道德和人文价值观的要求。通过反思和总结经验教训，个人可以不断提升自己的职业素养和人文素养水平。

（四）社会环境的支持与引导

社会环境对于促进职业素养与人文价值观融合具有重要作用。为了营造良好的社会环境，需要采取以下策略：

1. 政策引导与支持：政府应制定相关政策措施，鼓励和支持企业、学校等各方加强职业素养与人文价值观的培养和融合。通过政策引导和支持，可以形成良好的社会氛围和发展环境。

2.舆论宣传与教育：媒体和舆论应加强对职业素养与人文价值观的宣传和教育。通过广泛传播相关知识和信息，提高公众对职业素养和人文价值观的认识和理解。同时，还可以通过举办相关活动和比赛等方式激发公众的参与热情。

3.社会监督与评价：社会各界应加强对职业素养与人文价值观的监督与评价。通过建立健全的评价机制和监督体系，对违反职业道德和人文价值观的行为进行及时纠正和惩处。同时，还可以通过社会评价和舆论监督等方式激励个人和企业积极履行社会责任和贡献社会。

四、融合对未来职业发展的影响

（一）提升职业竞争力

随着社会的进步和经济的发展，对于职业人才的要求已经不仅仅局限于专业技能的掌握，更多的是对于职业素养和人文价值观的考量。因此，职业素养与人文价值观的融合对于提升个体的职业竞争力具有重要意义。

首先，融合有助于个体形成全面而独特的竞争优势。在专业技能之外，个体还能够展现出高尚的道德品质、广泛的人文知识和深刻的社会责任感，这将使个体在求职过程中脱颖而出，成为企业青睐的对象。

其次，融合有助于个体适应快速变化的工作环境。随着科技的进步和全球化的加速，职业领域的发展日新月异，对于职业人才的要求也在不断变化。通过职业素养与人文价值观的融合，个体能够更好地理解职业领域的发展趋势和市场需求，及时调整自己的职业规划和发展方向，从而保持与时代的同步。

最后，融合还有助于个体建立广泛的人脉关系。在职业发展过程中，人脉关系对于个体的成功至关重要。通过职业素养与人文价值观的融合，个体能够更好地与他人建立联系和沟通，拓展自己的人脉资源，为未来的职业发展创造更多的机会和可能性。

（二）推动职业创新与发展

职业素养与人文价值观的融合对于推动职业创新与发展也具有重要作用。

首先，融合有助于激发个体的创新精神和创造力。在职业素养与人文价值观的引导下，个体能够更加关注职业领域的实际问题和社会需求，从而产生更多的创新想法和解决方案。这种创新精神和创造力将推动职业领域的不断发展和进步。

其次，融合有助于形成多元化的职业生态系统。在职业素养与人文价值观的融合过程中，不同的职业领域和文化背景将相互交融和碰撞，产生更多的创新点和增长点。这种多元化的职业生态系统将促进职业领域的多元化和包容性发展，为个体提供更多的职业选择和发展机会。

最后，融合还有助于推动职业教育的改革和创新。职业教育是培养职业人才的重要途径之一。通过职业素养与人文价值观的融合，职业教育将更加注重学生的全面发展和综合素质的培养，为学生提供更加丰富多样的学习体验和职业实践机会。这将有助于提高学生的职业素养和人文素养水平，为其未来的职业发展奠定坚实的基础。

（三）增强职业责任感与使命感

职业素养与人文价值观的融合有助于增强个体的职业责任感与使命感。

首先，融合使个体更加关注职业领域的社会价值和社会责任。在职业素养与人文价值观的引导下，个体能够认识到自己的职业行为对于社会的影响和贡献，从而更加关注职业领域的社会价值和社会责任。这种责任感将促使个体在工作中更加努力和认真，为社会做出更多的贡献。

其次，融合使个体更加关注自己的职业发展和职业规划。在职业素养与人文价值观的引导下，个体能够清晰地认识到自己的职业目标和发展方向，从而更加积极地追求自己的职业梦想。这种使命感将激励个体不断学习和提升自己的职业素养和人文素养水平，为实现自己的职业目标而努力奋斗。

（四）促进职业领域的可持续发展

职业素养与人文价值观的融合对于促进职业领域的可持续发展具有重要意义。

首先，融合有助于实现职业领域的经济效益和社会效益的双赢。在职业素养与人文价值观的引导下，个体将更加注重职业领域的经济效益和社会效益的平衡发展。这种平衡发展将促进职业领域的可持续发展，为社会创造更多的价值。

其次，融合有助于推动职业领域的绿色发展和低碳发展。在职业素养与人文价值观的引导下，个体将更加注重职业领域的环保和可持续发展问题。这种绿色发展理念将促使个体在工作中采取更加环保和低碳的方式和方法，推动职业领域的绿色发展和低碳发展。

最后，融合还有助于加强职业领域的国际合作与交流。在职业素养与人文价值观的引导下，个体将更加注重跨文化和跨领域的交流与合作。这种国际合作与交流将促进职业领域的全球化发展，为个体提供更多的发展机会和可能性。

第四节　个人如何适应未来职业素养的要求

一、提升自我学习与适应能力

随着社会的快速发展和技术的不断进步，职业领域的变革日新月异，要求个人具备更高的自我学习与适应能力。下面将从四个方面分析如何提升这一能力。

（一）培养终身学习的意识

终身学习是适应未来职业素养要求的首要条件。个人应充分认识到学习是一个持续不断的过程，而不仅仅是学生时代的任务。在职业生涯中，个人需要不断地学习新知识、新技能，以适应职业领域的变化和发展。

首先，个人应明确自己的学习目标和方向，制订切实可行的学习计划。通过定期回顾和调整学习计划，确保自己始终保持在学习的轨道上。

其次，个人应充分利用各种学习资源，如书籍、网络课程、行业报告等，不断拓宽自己的知识视野。同时，积极参加各种培训和学习活动，与同行交流经验和心得，不断提高自己的专业水平。

最后，个人应树立终身学习的理念，将学习视为一种生活方式和态度。通过不断学习，不断提升自己的综合素质和竞争力，为未来的职业发展打下坚实的基础。

（二）增强自主学习能力

自主学习能力是提升自我学习与适应能力的关键。个人应学会独立思考和解决问题，培养自己的自主学习能力。

首先，个人应学会制订学习计划和目标，明确自己的学习需求和目标。通过制订具体的学习计划和目标，使学习更加有针对性和高效性。

其次，个人应学会选择合适的学习方法和工具。不同的学习方法和工具适用于不同的学习内容和场景。个人应根据自己的实际情况和需求，选择合适的学习方法和工具，提高学习效率和质量。

最后，个人应学会自我评估和反思。在学习过程中，个人应不断评估自己的学习进度和效果，及时发现问题并进行反思和调整。通过自我评估和反思，不断总结经验教训，提高自己的自主学习能力。

（三）提高跨领域融合能力

未来职业领域的发展越来越注重跨领域的融合和创新。个人应提高跨领域融合能力，以适应这一趋势。

首先，个人应关注不同领域的知识和技术发展动态，了解不同领域之间的联系和交叉点。通过跨领域的学习和交流，不断拓宽自己的知识视野和思维方式。

其次，个人应学会将不同领域的知识和技术进行融合和创新。在实际工作中，个人应善于运用跨领域的知识和技术来解决问题和创造价值。通过跨领域的融合和创新，不断提高自己的综合素质和竞争力。

最后，个人应积极参与跨领域的项目和团队合作。通过跨领域的项目和团队合作，与不同领域的人才进行交流和合作，共同解决问题和创造价值。这种跨领域的合作经验将有助于个人提高跨领域融合能力。

（四）培养适应变化的心态

适应变化是提升自我学习与适应能力的重要心态。个人应培养适应变化的心态，以应对未来职业领域的各种挑战和机遇。

首先，个人应保持开放和包容的心态。对于新的知识和技术、新的工作方式和模式等，个人应保持开放和包容的心态，积极尝试和接受。通过不断尝试和接受新事物，不断提高自己的适应能力和竞争力。

其次，个人应学会面对挫折和失败。在职业生涯中，个人难免会遇到挫折和失败。面对这些挑战时，个人应保持积极的心态和乐观的态度，从中吸取经验教训并不断完善自己。通过面对挫折和失败的经历，不断提高自己的心理素质和适应能力。

最后，个人应关注社会发展和职业趋势的变化。通过关注社会发展和职业趋势的变化，个人可以及时了解职业领域的变化和发展趋势，从而调整自己的职业规划和发展方向。这种关注社会发展和职业趋势的习惯将有助于个人更好地适应未来职业领域的变化和发展。

二、培养创新思维与解决问题的能力

在快速变化的职业环境中，创新思维和解决问题的能力成为个人成功的关键因素。下面将从四个方面分析如何培养这些能力。

（一）激发创新思维的内在动力

创新思维的培养首先需要激发个人的内在动力。这种动力来源于对知识的渴望、对挑战的热爱以及对成功的追求。

首先，个人应培养对知识的广泛兴趣和好奇心。只有对事物保持好奇，才能不断地发现问题、提出问题，并寻找解决问题的新方法。因此，个人应广泛涉猎不同领域的知识，不断拓宽自己的知识视野。

其次，个人应勇于接受挑战和失败。创新往往伴随着风险，需要个人敢于尝试、敢于失败。只有经历了失败，才能从中吸取教训，不断调整和优化自己的创新思维。

最后，个人应树立远大的职业目标。远大的目标能够激发个人的创新热情，推动个人不断地追求更高的成就。因此，个人应明确自己的职业目标，并为之付出不懈的努力。

（二）掌握创新思维的方法与技巧

创新思维的培养需要掌握一定的方法和技巧。这些方法和技巧可以帮助个人更加高效地进行创新活动。

首先，个人应学会观察和分析。观察是创新的基础，只有通过观察才能发现问题、提出假设。因此，个人应学会用不同的视角去观察事物，发现其中的规律和特点。同时，个人还应学会分析问题的本质和根源，为解决问题提供有力的支持。

其次，个人应学会联想和类比。联想和类比是创新思维的重要手段，可以帮助个人将不同领域的知识和技术进行融合和创新。因此，个人应学会用类比的方式去思考问题，从已知的领域中发现新的灵感和解决方案。

最后，个人应学会试错和迭代。试错和迭代是创新过程中必不可少的环节，可以帮助个人不断优化和完善自己的创新成果。因此，个人应勇于尝试新的方法和思路，并在实践中不断进行调整和改进。

（三）提升解决问题的能力

解决问题的能力是创新思维的重要体现。个人应不断提升自己的解决问题能力，以应对复杂多变的职业环境。

首先，个人应学会分析和判断问题的性质和严重程度。在面对问题时，个人应冷静分析问题的本质和根源，判断问题的严重性和紧迫性，为制订解决方案提供依据。

其次，个人应学会运用各种工具和资源来解决问题。这些工具和资源包括专业知识、技能、经验、人脉等。个人应根据问题的性质和特点，选择合适的工具和资源来解决问题。同时，个人还应学会与他人合作，共同解决问题。

最后，个人应学会总结和反思解决问题的过程。在解决问题的过程中，个人应不断总结经验教训，反思自己的方法和思路是否正确有效。通过总结和反思，个人可以不断优化自己的解决问题能力，提高解决问题的效率和质量。

（四）营造有利于创新的环境与氛围

创新的环境和氛围对于培养创新思维和解决问题能力至关重要。个人应努力营造有利于创新的环境和氛围。

首先，个人应积极参与团队和组织的创新活动。通过参与创新活动，个人可以接触到更多的创新思想和理念，拓展自己的思维方式和视角。同时，个人还可以在团队和组织中与他人合作和交流，共同推动创新的实现。

其次，个人应学会在生活和工作中寻找创新的灵感和机会。灵感往往来源于生活和工作中的点滴细节和经历。因此，个人应时刻保持警觉和敏感，发现身边的创新机会和灵感，并将其转化为实际的创新成果。

最后，个人应关注行业和社会的发展趋势和变化。通过关注行业和社会的发展趋势和变化，个人可以及时了解新的技术和理念，为创新提供有力的支持和保障。同时，个人还可以根据行业和社会的发展趋势和变化，调整自己的创新方向和策略，以适应未来职业领域的变化和发展。

三、加强沟通与协作能力

在现代职场中，沟通与协作能力对于个人的成功至关重要。无论是与同事、上级还是客户进行有效的沟通，还是与团队成员协作完成任务，都需要良好的沟通与协作能力。下面将从四个方面分析如何加强沟通与协作能力。

（一）提高沟通技巧与表达能力

有效的沟通始于良好的沟通技巧和表达能力。个人应不断提升自己的语言组织和表达能力，确保信息能够准确、清晰地传达给接收者。

首先，个人应学会倾听。倾听是沟通的重要组成部分，通过倾听他人的观点和意见，我们能够更好地理解对方的立场和需求，从而更好地回应和解决问题。因此，个人应培养耐心倾听的习惯，不要急于打断别人或表达自己的观点。

其次，个人应学会清晰、简洁地表达自己的想法。在沟通中，我们要确保信息能够准确传达给接收者，因此需要使用简单明了的语言，避免使用过于复杂或模糊的词汇。同时，我们还要注意语速和语调，确保对方能够轻松理解我们的意思。

最后，个人应学会使用非语言沟通方式。除了口头表达外，我们还可以通过肢体语言、面部表情和眼神交流等方式来传达信息。这些非语言沟通方式能够增强沟通的效果，使对方更好地理解我们的意图。

（二）增强团队协作能力

团队协作能力是现代职场中不可或缺的一项能力。个人应学会与团队成员共同协作，实现共同的目标。

首先，个人应了解团队成员的特长和优势，以便更好地分配任务和协调工作。通过了解团队成员的能力和特点，我们可以将任务分配给最适合的人，从而提高工作效率和质量。

其次，个人应积极参与团队讨论和决策过程。在讨论中，我们应积极发表自己的观点和意见，与团队成员共同探讨和解决问题。同时，我们还要尊重他人的意见和想法，学会妥协和合作，以实现团队的目标。

最后，个人应关注团队氛围和文化建设。一个积极、和谐的团队氛围能够促进成员之间的沟通和协作。因此，个人应积极参与团队活动和文化建设，为团队创造一个良好的工作环境和氛围。

（三）建立良好的人际关系

良好的人际关系是沟通与协作的基础。个人应学会与同事、上级和客户建立良好的关系，以便更好地开展工作。

首先，个人应尊重他人。尊重是建立良好人际关系的前提。在沟通中，我们应尊重他人的观点和意见，不要随意打断或贬低他人。同时，我们还要尊重他人的工作和成果，给予他人充分的认可和鼓励。

其次，个人应主动与他人交流。交流是建立人际关系的重要途径。我们应主动与同事、上级和客户进行交流，了解他们的需求和想法，以便更好地为他们提供服务和支持。同时，我们还要学会分享自己的经验和知识，帮助他人解决问题和困难。

最后，个人应保持诚信和正直。诚信和正直是建立良好人际关系的重要品质。在沟通中，我们应坦诚地表达自己的观点和想法，不要隐瞒或歪曲事实。同时，我们还要遵守承诺和约定，保持言行一致和诚信可靠。

（四）培养跨文化沟通与协作能力

在全球化的背景下，跨文化沟通与协作能力变得越来越重要。个人应学会与来自不同文化背景的人进行有效的沟通和协作。

首先，个人应了解不同文化背景下的沟通方式和习惯。不同的文化有不同的沟通方式和习惯，我们需要了解并尊重这些差异，以便更好地与来自不同文化背景的人进行沟通。

其次，个人应学会使用多种语言进行沟通。掌握多种语言能够帮助我们更好地与来自不同国家和地区的人进行交流。因此，个人应努力学习并掌握多种语言技能。

最后，个人应关注不同文化背景下的价值观和信仰。在跨文化沟通与协作中，我们需要尊重并理解不同文化背景下的价值观和信仰，以便更好地建立信任和合作关系。同时，我们还要学会适应不同文化背景下的工作环境和氛围，提高自己的跨文化适应能力。

四、树立终身学习理念与行动

在快速变化的社会中，树立终身学习理念并付诸行动是每个人适应职业发展的必然选择。终身学习不仅意味着不断获取新知识，更代表着持续提升个人综合素质和应对挑战的能力。下面将从四个方面分析如何树立终身学习理念与行动。

（一）认识终身学习的价值

要树立终身学习理念，首先需要深刻认识其内在价值。终身学习不仅是个人职业发展的需求，更是实现个人成长和社会进步的重要途径。

首先，终身学习能够帮助个人保持职业竞争力。随着科技的快速发展和知识的不断更新，职业领域对人才的需求也在不断变化。只有不断学习新知识、掌握新技能，个人才能跟上时代的步伐，保持自己在职业领域的竞争力。

其次，终身学习能够促进个人成长和自我实现。学习是一个不断探索、发现自我的过程。通过不断学习，个人能够不断拓展自己的知识视野、提升自己的综合素质，实现自我价值和社会价值的统一。

最后，终身学习有助于推动社会进步和发展。一个充满学习氛围的社会能够激发人们的创造力和创新精神，推动科技进步和文化繁荣。因此，树立终身学习理念不仅对个人有益，也对社会具有深远影响。

（二）制订个人学习计划

在认识终身学习的价值后，个人需要制订切实可行的学习计划，将终身学习理念付诸行动。

首先，个人应明确自己的学习目标和方向。根据自己的职业规划和个人兴趣，选择适合自己的学习领域和课程。同时，也要关注行业动态和新技术发展，及时调整自己的学习方向。

其次，个人应制订具体的学习计划和时间表。将学习任务分解为具体的目标和步骤，明确每天、每周、每月的学习任务和时间安排。通过制订计划和时间表，个人可以更有条理地进行学习，提高学习效率。

最后，个人应注重学习效果的评估和反馈。定期回顾自己的学习进度和成果，评估学习效果是否达到预期目标。同时，也要接受他人的反馈和建议，不断调整和优化自己的学习计划和策略。

（三）探索多元化的学习方式

终身学习的实现需要借助多元化的学习方式。个人应积极探索适合自己的学习方式，提高学习效率和质量。

首先，个人可以利用传统的教育资源和渠道进行学习。如参加学校、培训机构等组织的课程学习、参加学术研讨会和讲座等。这些传统的学习方式能够为个人提供系统的知识体系和专业指导。

其次，个人可以利用互联网和数字化工具进行学习，如在线课程、电子书、社交媒体等。这些数字化工具具有便捷、灵活、互动性强等特点，能够满足个人随时随地进行学习的需求。

最后，个人还可以通过实践和经验积累进行学习，如参与项目实践、实习、志愿服务等。这些实践活动能够为个人提供真实的工作场景和经验积累，帮助个人更好地理解和应用所学知识。

（四）培养自主学习和持续学习的习惯

终身学习的实现需要个人具备自主学习和持续学习的习惯。这些习惯能够帮助个人在职业发展中不断前进，应对各种挑战和机遇。

首先，个人应培养自主学习的能力。学会独立思考、解决问题、获取信息的能力，能够主动寻找学习资源、制订学习计划、评估学习效果。这种自主学习能力能够帮助个人更好地适应职业发展的需求。

其次，个人应培养持续学习的习惯。将学习视为一种生活方式和态度，不断追求新知识、新技能、新思想。通过持续学习，个人能够不断提升自己的综合素质和竞争力，为职业发展打下坚实的基础。

最后，个人还应注重学习过程中的反思和总结。通过反思和总结自己的学习经验和教训，不断调整和优化自己的学习方式和策略，提高学习效率和质量。这种反思和总结的习惯能够帮助个人更好地实现终身学习的目标。

第五节　职业素养与人文价值观的社会影响与展望

一、职业素养与人文价值观对社会的积极影响

职业素养与人文价值观作为个体行为的准则和精神支撑，对社会的整体发展具有深远的积极影响。下面将从四个方面分析这种积极影响。

（一）提升社会整体效率与生产力

职业素养的核心在于专业精神和敬业精神，这要求从业者在工作中始终保持高度的责任感和敬业精神。当个体普遍具备这种职业素养时，社会的整体效率和生产力将得到显著提升。一方面，专业精神使得从业者能够熟练掌握和运用本专业的知识和技能，提高工作效率；另一方面，敬业精神使得从业者能够全身心地投入到工作中，减少失误和浪费，提高工作质量和效益。这种提升不仅有利于企业的长远发展，也推动了社会经济的持续繁荣。

（二）促进社会和谐稳定

人文价值观强调人与人之间的尊重、理解和包容，这种价值观对于构建和谐社会具有重要意义。当个体普遍具备人文价值观时，社会的和谐稳定将得到进一步保障。首先，尊重他人能够减少社会矛盾和冲突，营造和谐的人际关系；其次，理解他人能够增进彼此之间的沟通和理解，消除误解和偏见；最后，包容他人能够容纳不同的观点和文化，促进社会的多元化和包容性。这种和谐稳定的社会环境有利于人们安居乐业、共同发展。

（三）推动社会文明进步

职业素养和人文价值观共同构成了社会文明的重要组成部分。当个体普遍具备这些素质时，社会的文明程度将得到进一步提升。首先，职业素养要求从业者具备高度的道德观念和法律意识，这有助于维护社会的公平正义和法治秩序；其次，人文价值观强调对自然和环境的尊重与保护，这有助于推动可持续发展和生态文明建设；最后，职业素养和人文价值观共同促进了人们的精神文明建设，提高了人们的道德素质和文化素养。这种文明进步不仅有利于个体的全面发展，也推动了社会的整体进步。

（四）塑造良好的社会风尚

职业素养和人文价值观对于塑造良好的社会风尚具有积极作用。当个体普遍具备这些素质时，社会将形成一股积极向上的力量，推动社会风尚的改善。首先，职业素养要求从业者具备诚实守信、勤奋敬业等品质，这些品质将成为社会风尚的重要组成部分；其次，人文价值观强调对弱者的关爱和帮助，这有助于形成互助友爱的社会氛围；最后，职业素养和人文价值观共同倡导健康、文明、科学的生活方式，推动了社会风尚的整体提升。这种良好的社会风尚将激励人们不断追求更高的精神境界和人生价值。

综上所述，职业素养与人文价值观对社会的积极影响体现在提升社会整体效率与生产力、促进社会和谐稳定、推动社会文明进步以及塑造良好的社会风尚等方面。这些影响不仅有利于个体的全面发展，也推动了社会的整体进步。因此，我们应该重视职业素养与人文价值观的培养和传承，为实现社会的可持续发展和人的全面发展贡献力量。

二、职业素养与人文价值观在社会发展中的作用

职业素养与人文价值观在社会发展中扮演着至关重要的角色，它们不仅影响着个体的行为选择，还对整个社会的运行和进步产生深远影响。下面将从四个方面分析职业素养与人文价值观在社会发展中的作用。

（一）促进经济可持续发展

职业素养在经济发展中起着基础性作用。一个具备高度职业素养的劳动力队伍，能够有效利用资源、提高生产效率、推动经济的持续健康发展。职

业素养要求从业者具备专业知识和技能，能够胜任所从事的工作，这有助于提升产品和服务的质量，增强企业的竞争力。同时，职业素养还强调诚信、责任和创新等品质，这些品质有助于企业建立良好的信誉，拓展市场，实现可持续发展。

人文价值观在经济发展中同样发挥着重要作用。它强调尊重自然、保护环境、实现可持续发展的理念，这与经济可持续发展的目标相契合。在人文价值观的指引下，人们更加注重资源的节约和环境的保护，推动绿色生产和消费模式的形成，为经济的可持续发展提供有力支撑。

（二）推动社会文明进步

职业素养与人文价值观共同推动社会文明进步。职业素养要求从业者具备高尚的道德品质和职业操守，这有助于提升整个社会的道德水平，形成良好的社会风尚。同时，职业素养还强调个人的自我完善和发展，鼓励人们不断学习、进取，提升自身素质和能力，为社会的进步贡献力量。

人文价值观则注重人的全面发展和精神需求，强调人与人之间的相互尊重、理解和包容。在人文价值观的引导下，人们更加注重精神层面的追求和满足，推动社会文化的繁荣和发展。同时，人文价值观还倡导社会公正、平等和民主等理念，有助于消除社会不公和歧视现象，推动社会公正和进步。

（三）构建和谐的社会关系

职业素养与人文价值观在构建和谐社会关系中发挥着重要作用。职业素养要求从业者具备协作精神和服务意识，能够与他人和谐相处、共同完成任务。这种协作精神有助于减少工作中的矛盾和冲突，增强团队的凝聚力和向心力。同时，职业素养还强调诚信和尊重他人等品质，有助于建立互信互敬的人际关系。

人文价值观则强调人与人之间的相互尊重、理解和包容，有助于消除偏见和歧视现象，建立和谐友好的人际关系。在人文价值观的引导下，人们更加注重沟通和交流，增进彼此之间的了解和信任，为构建和谐社会关系奠定坚实基础。

（四）塑造国民精神风貌

职业素养与人文价值观在塑造国民精神风貌中发挥着重要作用。职业素养要求从业者具备高度的责任感和敬业精神，这种精神风貌有助于激发人们的爱国情怀和奉献精神，推动国家的发展和繁荣。同时，职业素养还强调诚信、勤劳和创新等品质，这些品质有助于塑造国民的良好形象和精神风貌。

人文价值观则注重人的全面发展和精神需求，强调人的自由、尊严和价值。在人文价值观的引导下，人们更加注重追求真理、崇尚科学、尊重文化多样性等精神追求，有助于提升国民的综合素质和精神风貌。这种精神风貌不仅有助于个人的全面发展，也有助于国家的繁荣和进步。

三、对未来职业素养与人文价值观的展望

随着社会的不断进步和发展，未来的职业素养与人文价值观将面临新的挑战和机遇。下面将从四个方面对未来职业素养与人文价值观的展望进行分析。

（一）技术驱动下的职业素养变革

随着科技的迅猛发展，未来社会将更加依赖于技术和创新。在这样的背景下，职业素养将发生深刻的变革。首先，技术将成为职业素养的重要组成部分，从业者需要掌握更多的技术知识和技能，以适应新技术的发展和应用。例如，人工智能、大数据、云计算等前沿技术将广泛应用于各行各业，从业者需要不断更新自己的知识体系，以适应技术的快速发展。

其次，未来的职业素养将更加注重跨界融合和创新精神。随着行业的交叉融合，从业者需要具备跨学科的知识和能力，以应对复杂多变的工作需求。同时，创新精神也将成为未来职业素养的核心要求，从业者需要具备敏锐的洞察力、敢于冒险的精神和持续创新的能力，以推动行业的进步和发展。

（二）人文价值观与可持续发展的融合

面对全球性的环境问题和社会挑战，未来的人文价值观将更加注重可持续发展。可持续发展理念将深入人心，成为指导人们行为的重要准则。首先，人们将更加注重环境保护和资源节约，推动绿色生产和消费模式的普及。从业者需要具备环保意识和绿色技能，以推动企业的绿色转型和可持续发展。

其次，未来的人文价值观将更加强调社会责任和公民意识。随着社会的进步和民主化程度的提高，人们将更加注重个人对社会的贡献和责任。从业者需要具备高度的社会责任感和公民意识，积极参与社会公益事业和志愿服务活动，为社会的发展和进步贡献自己的力量。

（三）全球化背景下的职业素养与人文价值观

在全球化的背景下，未来的职业素养与人文价值观将更加注重跨文化交流和合作。首先，从业者需要具备跨文化交流的能力，以适应不同文化背景下的工作需求。这包括语言沟通能力、文化适应能力、跨文化合作能力等。通过跨文化交流，从业者可以更好地理解不同文化背景下的需求和期望，推动国际的合作和交流。

其次，全球化背景下的人文价值观将更加注重文化多样性和包容性。在全球化的过程中，不同文化之间的交流和碰撞将不可避免。因此，未来的人文价值观将更加注重文化多样性和包容性，尊重不同文化的差异和独特性，推动不同文化之和谐共处和共同发展。

（四）终身学习与个人成长的结合

在未来的社会中，终身学习与个人成长将更加紧密地结合在一起。随着知识的不断更新和技术的快速发展，从业者需要不断学习和更新自己的知识和技能，以适应社会的变化和发展。同时，个人成长也将成为未来职业素养的重要组成部分，从业者需要注重自我提升和自我完善，以应对不断变化的工作需求。

终身学习不仅意味着获取新的知识和技能，更意味着培养一种持续学习和自我反思的能力。这种能力将帮助从业者在面对新挑战和机遇时更加从容和自信。同时，个人成长也将成为从业者实现自我价值和社会价值的重要途径，推动社会的整体进步和发展。

四、个人如何在社会发展中贡献职业素养与人文价值观

在社会发展的大潮中，每个人都扮演着不可或缺的角色。如何将个人的职业素养与人文价值观融入到社会发展中，为社会的进步和繁荣贡献自己的

力量，是每个个体都需要思考的问题。下面将从四个方面分析个人如何在社会发展中贡献职业素养与人文价值观。

（一）不断提升职业素养，实现专业价值

在社会发展中，个人的职业素养是实现专业价值的基础。要不断提升自己的职业素养，首先需要保持对专业的热爱和追求，不断学习新知识、新技能，以适应行业的发展变化。通过不断学习和实践，提高自己在专业领域内的技能和知识水平，为社会的生产和发展提供有力支持。

其次，要树立正确的职业观念，坚持诚实守信、勤奋敬业的职业精神。在工作中，要认真负责、追求卓越，不断提高自己的工作质量和效率。同时，还要关注行业的发展趋势，积极参与行业的创新和发展，为行业的进步贡献自己的力量。

最后，要注重团队协作和沟通能力。在现代社会中，一个人的力量是有限的，而团队的力量是无穷的。因此，要学会与他人合作、共同完成任务。通过有效的沟通和协作，提高团队的凝聚力和向心力，为社会的整体发展贡献力量。

（二）践行人文价值观，塑造良好社会风尚

人文价值观是社会的精神支柱，是塑造良好社会风尚的重要力量。个人要践行人文价值观，首先需要尊重他人、关爱他人。在人际交往中，要学会倾听他人的意见和建议，尊重他人的选择和权利。同时，要关注弱势群体的生存状况，为他们提供力所能及的帮助和支持。

其次，要注重诚信、友善、宽容等品质的培养。这些品质是人文价值观的重要组成部分，也是构建和谐社会的重要基石。通过践行这些品质，可以增进人与人之间的互信和友谊，减少社会矛盾和冲突。

最后，要积极参与社会公益活动，为社会的发展贡献自己的力量。通过参与志愿服务、捐款捐物等方式，为社会提供力所能及的帮助和支持。同时，还可以通过宣传和推广人文价值观，引导更多的人加入到社会公益活动中来，共同推动社会的进步和发展。

（三）积极创新创造，推动社会进步

创新是社会发展的动力源泉，也是个人实现价值的重要途径。个人要积极创新创造，推动社会的进步和发展。首先，要关注行业的前沿动态和技术发展趋势，了解新的市场需求和用户需求。通过不断学习和实践，掌握新的技术和方法，为行业的创新和发展提供有力支持。

其次，要敢于尝试新的想法和创意，勇于承担风险和失败。在创新过程中，可能会遇到各种困难和挑战，但只有勇于尝试和不断尝试，才能取得成功和进步。通过实践和创新，可以推动行业的进步和发展，为社会创造更多的价值。

最后，要注重知识产权的保护和尊重。在创新过程中，可能会产生一些新的发明和创造，这些成果需要得到充分的保护和尊重。个人要遵守知识产权法律法规，尊重他人的知识产权成果，为社会的创新和发展营造良好的环境。

（四）持续自我提升，实现个人价值与社会价值的统一

在社会发展中，个人要持续自我提升，实现个人价值与社会价值的统一。首先，要注重自我反思和自我完善。在工作和生活中，要不断总结经验教训，反思自己的行为和决策是否正确。通过自我反思和自我完善，可以不断提高自己的综合素质和能力水平。

其次，要关注社会的需求和变化，不断调整自己的发展方向和目标。在社会发展中，个人的发展必须与社会的需求相契合，才能实现个人价值与社会价值的统一。因此，个人要关注社会的需求和变化，及时调整自己的发展方向和目标，为社会的发展贡献自己的力量。

最后，要保持积极向上的心态和乐观的生活态度。在社会发展中，会遇到各种困难和挑战，但只有保持积极向上的心态和乐观的生活态度，才能克服困难、迎接挑战。通过持续自我提升和不断追求进步，可以实现个人价值与社会价值的统一，为社会的繁荣和发展贡献自己的力量。

参考文献

[1] 李霞, 李艳, 唐中生. 浅谈丰富护生人文素养对推动护理职业发展的潜在价值 [J]. 卫生职业教育, 2018(20)：64-65.

[2] 张萍. 人文素养对职业价值取向的影响 [J]. 北方经贸, 2011(8)：189.

[3] 凌琳. 昆曲课程在职业学校人文素养教育中的价值与实践研究 [J]. 长江丛刊, 2017(35)：25-26.

[4] 张萍. 人文素养对职业价值信念的影响 [J]. 中小企业管理与科技, 2011(6)：138.

[5] 张朝辉, 刘晋. 人文素养与教师的职业价值和意义 [J]. 江西教育, 2007(7)：23.

[6] 王之. 以未来职业为导向, 探究同理心培养在医学生人文素养教育中的价值与运用 [J]. 全文版 (教育科学), 2016(3)：248-249.

[7] 刘燕. 高职教学中的职业精神渗透与人文素养培养探究 [J]. 佳木斯职业学院学报, 2023(8)：175-177.

[8] 颜彦. 新《职业教育法》之人文精神内涵对学生职业素养提升的启示 [J]. 工业技术与职业教育, 2023(5)：46-50.

[9] 许蕴彰. 核心素养下音乐教育人文价值探究 [J]. 泰州职业技术学院学报, 2023(1)：28-31.

[10] 郭倩, 李宝琴, 于钦明, 等. 中医药文化核心价值观融入医学生人文素养培育模式的探索 [J]. 中国医药导报, 2023(10)：76-79.

[11] 李研. 职业院校工匠精神培育与人文素养提升的关系 [J]. 科技风, 2021(31)：177-179.

[12] 杜利, 宋其湖, 鄢宁. 新时代大学生人文素养提升路径初探：以鄂州职业大学图书馆为例 [J]. 鄂州大学学报, 2021(5)：61-63.

[13] 徐庆生 . 茶文化对职业院校大学生人文素养的影响 [J]. 河北职业教育 ,2019(6)：104-108.

[14] 韦静洁 . 茶道文化对人文素养教育的价值分析 [J]. 教育教学论坛 ,2020(22)：153-154.

[15] 赖道兰 . 茶文化在中职语文教育人文素养培养中的应用价值探讨 [J]. 亚太教育 ,2022(22)：46-49.